# Handbuch Klebstoffe 1998/2000

Industrieverband Klebstoffe e.V.

Adhäsion kleben & dichten

vieweg

Herausgeber: Adhäsion kleben & dichten
Abraham-Lincoln-Str. 46
65189 Wiesbaden
Tel.: (06 11) 78 78-3 23
Fax: (06 11) 78 78-405
E-Mail: adhaesion@t-online.de

Industrieverband Klebstoffe e.V.
Ivo-Beucker-Straße 43
40237 Düsseldorf
Tel.: (02 11) 6 79 31 10
Fax: (02 11) 6 79 31 88
http://www.klebstoffe.com
E-Mail: info@klebstoffe.com

Verlag: Friedr. Vieweg & Sohn
Verlagsgesellschaft mbH
Abraham-Lincoln-Str. 46
65189 Wiesbaden
http://www.vieweg.de

Alle Eintragungen in den Firmenprofilen und Bezugsquellen beruhen auf Angaben der jeweiligen Firmen (Stand Juni 1998). Für Vollständigkeit sowie Richtigkeit der Angaben übernimmt der Verlag keine Gewähr.



Der Verlag Vieweg ist ein Unternehmen der Bertelsmann Fachinformation GmbH.



Druck: M. P. Media-Print Informationstechnologie GmbH, 33100 Paderborn
Satz: Publishing Service H. Schulz, 63303 Dreieich

Printed in Germany

**ISBN 3-528-26004-1**

Verkaufspreis DM 38,–

# Vorwort

Liebe Leserinnen und Leser,

zuverlässige Informationen über Lieferanten, d.h. deren Produktpalette und deren Leistungsspektrum, spielen bei Investitionsentscheidungen eine maßgebliche Rolle. Neben dem Produktprogramm sind aber vor allem auch Angaben zum Unternehmen selbst, beispielsweise über seine Größe und Struktur, wichtig für die Entscheidungsfindung. Diese Informationen im Bedarfsfall systematisch einzuholen, ist ein zeitkonsumierendes Unterfangen.

Der Industrieverband vertritt die gemeinsamen Interessen von mehr als 100 Klebstoff-, Klebeband- und Klebrohstoffherstellern, und er repräsentiert damit ein Gesamt-Umsatzvolumen über alle Bereiche von mehr als 4 Milliarden DM.

Zu seinen besonderen Aufgaben zählt es unter anderem, Anwendern von Klebstoffen und Klebebändern, Behörden und Wirtschaftsinstituten sowie Wissenschaftlern und Studenten Informationen über die deutsche Klebstoffindustrie und ihren Verband zur Verfügung zu stellen. Über die Jahre ist die Nachfrage nach diesen Informationen in einem solchem Maße gewachsen, daß wir in Zusammenarbeit mit der Redaktion „Adhäsion kleben & dichten“ die wichtigsten Fakten in einer dritten überarbeiteten Auflage des „Handbuch Klebstoffe“ zusammengestellt haben.

Diese Neuauflage ermöglicht schnelle und gezielte Information über die Leistungsfähigkeit und das Lieferspektrum der Klebstoffindustrie. Darüber hinaus gibt es Auskunft über die wichtigsten Lieferanten von Applikationsgeräten. Es erscheint uns als sinnvolle Ergänzung zur Homepage des Industrieverband Klebstoffe, auf welcher man unter der Adresse http://www.klebstoffe.com alles Wissenswerte rund um das Thema Klebstoffe im Internet erfährt.

Wir hoffen, mit der Herausgabe dieser dritten Auflage des Handbuches den Mitgliedern unseres Verbandes und deren Geschäftspartnern einen weiterhin erfolgreichen Dienst zu erweisen, und wir wünschen uns, daß es sich allen, die unserem Industriezweig wirtschaftlich verbunden sind, als nutzenstiftendes Arbeitsmittel und wertvolle Unterstützung in der Praxis erweist.

Dr. Jürgen Wegner
Vorstandsvorsitzender des
Industrieverband Klebstoffe e.V.

Ansgar van Halteren
Hauptgeschäftsführer des
Industrieverband Klebstoffe e.V.

# Inhalt



## Firmenprofile Klebstoffhersteller

## Firmenprofile Geräte und Anlagenhersteller Dienstleistungen

Herstellungsbedingt konnte beim Abdruck der Firmenprofile „Klebstoffhersteller" die alphabetische Reihenfolge nicht in jedem Fall eingehalten werden. Wir bitten um Verständnis.

# Klebstoff – die einzigartige Verbindung

Er begleitet uns auf Schritt und Tritt: Ob wir gehen, Musik hören, lesen, Auto fahren, zur Erholung in die Karibik fliegen, die Steaks aus der Gefriertruhe holen oder gar auf dem OP-Tisch liegen – Klebstoff ist unser ständiger unsichtbarer Begleiter. Ohne ihn wäre unser tägliches Leben so ziemlich haltlos. Dann gäbe es kein Pflaster und keine Tiefkühlkost, die Hifi-Anlage hätte Lötnähte, aus den Autos würden die Scheiben fallen und Hüftgelenk-Prothesen müßten wieder genagelt werden.

Jährlich werden alleine in Deutschland mehr als 500 000 Tonnen Klebstoff produziert und verbraucht. Für die unterschiedlichsten Anwendungen bieten die Klebstoffhersteller über 25 000 verschiedene Produkte an – maßgeschneidert für jeden Zweck. Denn Klebstoff ist nicht gleich Klebstoff. Je nach Anwendung muß er extreme Minusgrade oder mehrere hundert Grad Hitze aushalten können, hochelastisch oder extrem stabil sein.

## Klebstoff ermöglicht Mobilität

Das Kleben hat sich beispielsweise in der Automobilindustrie zu einer Schlüsseltechnologie entwickelt und ersetzt hier mehr und mehr andere Fügetechnologien. Neun Prozent der gesamten jährlichen Klebstoffproduktion entfallen auf die Fahrzeugbranche. Unser Auto enthält heute rund 15 kg Klebstoff. Sowohl Motor- als auch Karosserieteile werden geklebt. Geklebte Autos schneiden im Crashtest allgemein besser ab als geschweißte. Dies liegt an der einmaligen Eigenschaft des Klebstoffs: Er verbindet, ohne die Fügeteile zu beeinträchtigen. Durch die Erwärmung beim Schweißen werden die spezifischen Eigenschaften des Werkstoffs verändert. Und beim Nieten oder Schrauben werden Löcher gebohrt, die den Werkstoff verletzen und damit schwächen. Beim Kleben bleiben die Fügeteile hingegen unversehrt.

## Mehr Qualität und Sicherheit

Moderne Klebstoffsysteme sind somit zu einem Sicherheitsfaktor in der Automobilindustrie geworden. Außerdem erhöhen direkt eingeklebte Front- und Heckscheiben die Steifigkeit von Karosserien und erlauben die Konstruktion von Fahrzeugen, die mit niedrigen Cw-Werten zu einer nicht unerheblichen Energieeinsparung beitragen.

## Enorme Kräfte von Adhäsion und Kohäsion

Die gewaltigen Kräfte, die die geklebten Teile auch unter extremen Druck- und Sogbelastungen bei Geschwindigkeiten von 200 km/h und mehr sicher zusammenhalten, beruhen auf den physikalischen Gesetzen der Adhäsion und Kohäsion: Die Flächenhaftung (Adhäsion) erfolgt durch die Bindung der Klebstoffmoleküle an die Fügeteile. Die innere Festigkeit (Kohäsion), d.h. die Bindung der Klebstoffmoleküle untereinander, hält den Klebstoff zusammen.

Die Gesetze der molekularen Anziehungskraft werden bei modernen High-Tech-Klebstoffen mit Hilfe der Chemie optimal genutzt. So kann die Reaktionszeit der künstlichen Makromoleküle und damit die Adhäsions- und Kohäsionskraft individuell verändert werden. Die Endfestigkeit von Klebstoffen, die durch die Verbindung der Moleküle (Polymerisation) entsteht, erfolgt durch temperaturbedingte Erstarrung (Schmelzklebstoffe), durch Trocknung bzw. Verdunsten des Lösungsmittels oder durch chemische Reaktion (Kunstharzklebstoffe und Zwei-Komponenten-Klebstoffe).

## Maßgeschneidert für jeden Zweck

Um optimale Haftung und Stabilität zu erzielen, muß der Klebstoff zu dem jeweiligen Fügematerial passen, da sonst an den Kontaktflächen keine molekularen Wechselwirkungen stattfinden. Klebstoffe zum Beispiel auf Basis von Polyurethan halten die Karosserie eines Autos auch bei hohen Geschwindigkeiten und auf unebenen Straßen zusammen. Die Polymere, zusammengemischt aus weichen Kohlenstoffsegmenten und harten polaren Einheiten, erlauben hohe Endfestigkeiten bei gleichzeitiger Elastizität. Mechanische Belastungen werden sicher aufgefangen.

## Beständig gegenüber Extremtemperaturen

Selbst Motoren werden bei 5000 Umdrehungen mit Klebstoff sicher zusammengehalten. Da in Motoren extreme Temperaturen entstehen, wurden spezielle wärmehärtende Ein-Komponenten-Klebstoffe entwickelt. Sie härten erst aus, wenn sie in einen Ofen geschoben werden. Damit können zum Beispiel Laufbuchsen in Dieselmotoren geklebt werden.

Zur Befestigung von Innenverkleidungen an Autotüren wurde ein Spezialklebstoff entwickelt, der nur unter Druck abbindet. Die Werkstücke können so in rationeller Arbeitsweise erst mit dem Klebstoff bestrichen und später zusammengefügt werden. Beim Pressen wird der Haftstoff fest und verbindet Kunststoff sicher mit Metall. Das spart Zeit und Geld bei der Montage. Mit einem speziellen Zwei-Komponenten-Klebstoff können ferner Bodenplatten aus Faserverbundwerkstoff auf Aluminium-Karosserien geklebt werden. Dadurch lassen sich gegenüber herkömmlichen Fügeverfahren 10 Prozent Gewicht einsparen.

Die Kunst der modernen Klebtechnik besteht darin, die einzelnen Komponenten mit ihren verschiedenen physikalischen und chemischen Eigenschaften so zu mischen, daß für jede Anwendung die maßgeschneiderte Lösung entsteht. Die Härtezeit kann beispielsweise durch Zugabe von Lösungsmitteln wie Wasser oder Kohlenwasserstoffe verkürzt oder verlängert werden. Der Anteil lösungsmittelhaltiger Klebstoffe ist zum Schutz von Umwelt und Gesundheit in den letzten Jahren jedoch drastisch zurückgegangen – alleine von 1992 bis 1994 um 25 Prozent.

## Prüfungen auf Herz und Nieren

Bevor ein neuer Klebstoff in einem Auto aushärtet, wird er auf Herz und Nieren geprüft. In umfangreichen Tests werden Zug-, Scher- und Bruchfestigkeit gemessen. Da Autos wie auch Wohnwagen und Lkw sowohl bei tropischer Hitze als auch bei extremer Kälte fahren, sind Prüfungen in Klimakammern notwendig. Dabei werden die Proben wochenlangen Wechselbädern von arktischer Kälte und glühender Hitze ausgesetzt. So wird sichergestellt, daß Klebstoffe sogar permanente thermische Ausdehnungen, wie sie zum Beispiel in Kühlcontainern durch extrem hohe Temperaturdifferenzen von bis zu +90 °C an der Außenwand und −40 °C an der Innenwand, ausgleichen – ohne zu brechen oder sich abzulösen. Selbst der Einfluß salziger Meeresluft auf den Klebstoff wird geprüft.

## Schulung: der Schlüssel für erfolgreiches Kleben

Die enorme Leistungsfähigkeit moderner Klebstoffe alleine reicht jedoch nicht aus. Ausschlaggebend für sichere und dauerhafte Klebverbindungen ist die richtige Verarbeitung. Nur wer die notwendigen Kenntnisse in Oberflächenvorbehandlungen und Klebstoffauswahl beherrscht, kann auch erfolgreich kleben (s. Beitrag „Klebtechnische Personalqualifizierung", S. 220). ❑

# Klebstoff verbindet ...

Klebstoffe – in ihrer Funktion einzigartig – sind zu einem integralen, unverzichtbaren Bestandteil des täglichen Lebens geworden. In der Regel zwischen zwei oder mehreren Substraten verborgen und damit für das Auge nicht sichtbar, sichern sie komplexe Verbindungen und schaffen ein Stück Lebensqualität.

**Klebstoff ermöglicht Mobilität:** Direkt eingeklebte Front- und Heckscheiben erhöhen die Steifigkeit von Karosserien und erlauben es Ingenieuren, Fahrzeuge zu konstruieren, die mit niedrigen Cw-Werten zu einer nicht unerheblichen Energieeinsparung beitragen.

**Klebstoff schafft Kommunikation:** Angefangen bei der Briefmarke über Bücher bis hin zum Satelliten ist auch die moderne digitale Kommunikationstechnik und die dafür benötigten Leiterplatten sowie Kabelverbindungen ohne Klebtechnik nicht zu verwirklichen.

**Klebstoff erleichert Ernährung:** Die moderne Form von Vertrieb, Selbstbedienung, Fertiggerichten, Tiefkühlkost, Instant-Nahrungsmitteln wäre ohne Klebstoffe zur Herstellung von undurchlässigen Verpackungsmaterialien wie Verbundfolien oder zum hermetischen Verschluß von Packungen undenkbar.

**Klebstoff sichert Gesundheit und Hygiene:** Vom Pflaster bis hin zur hochentwickelten Medizintechnik ermöglichen Klebstoffe die Produktion von Papiertaschentüchern und Windeln; sie schützen Tabletten vor Feuchtigkeitseinflüssen.

**Klebstoff verbessert Wohnqualität:** Tapeten und Möbel gehören ebenso wie Bodenbeläge oder Isolierglasfenster zu den selbstverständlichen Annehmlichkeiten unseres täglichen Lebens, die nur durch den Einsatz von Klebstoffen möglich gemacht werden.

**Klebstoff schafft Vorsprung:** Ob im Spitzensport oder beim Mikrochip – maßgeschneiderte Klebstoffsysteme ermöglichen die Herstellung innovativer Produkte, zugeschnitten auf die Bedürfnisse unserer Kunden.

# Jahresbericht 1997/1998

Industrieverband
Klebstoffe e. V.

# Konjunkturbericht

Die einschlägigen Daten zeigen deutlich, daß die Klebstoffindustrie überproportional am Wirtschaftswachstum der Bundesrepublik teilnimmt. Die Steigerung des Klebstoff-Produktionsvolumens liegt deutlich über dem des Brutto-Inlands Produktes (BIP). Die Entwicklung des Klebstoffmarktes zwischen 1996 und 1998 verweist auf eine insgesamt stabile Geschäftslage. Die Zahlen belegen ein kontinuierliches Wachstum und einen positiven konjunkturellen Einfluß, so daß sich die Absatzsituation weiter festigt. Getragen wird diese positive Mengenentwicklung von einem insgesamt guten Konjunkturklima in den verschiedenen Abnehmerbranchen und dem Trend einer zunehmenden Verwendung von Klebstoffen. So bedient sich beispielsweise die Automobilindustrie mehr denn je der Klebtechnik, um effiziente und signifikante Gewichtsreduzierungen an ihren Fahrzeugen zu erzielen. Aber auch im High-Tech-Bereich zeichnet sich ein deutlicher Trend ab: So greifen Gefäßchirurgen und Neurologen heute immer häufiger zu Klebstoff denn zu Nadel und Faden.

## Export als Motor

Im internationalen Wettbewerb zeigt die deutsche Klebstoffindustrie ebenfalls eine insgesamt gefestigte Position. Die Bundesrepublik Deutschland ist im europäischen Vergleich der größte Klebstoffabsatzmarkt. Trotz dieses für die Klebstoffindustrie günstigen Inlandsmarktes bleibt jedoch das Exportgeschäft derzeit weiterhin die bestimmende und für die insgesamt positive Konjunktur verantwortliche Kraft. Der Grund hierfür findet sich im günstigen Wechselkursverhältnis der Leitwährungen US-Dollar und britisches Pfund zur DM.

## Angespannte Ertragslage

Trotz der für die Klebstoffindustrie positiven Konjunktur steht die Gesamtbranche unter einem erheblichen Margendruck. Die Forderung der Automobilindustrie nach Senkung ihrer Systemkosten, bei gleichzeitig vertraglich fixierten Preisen, gestiegene Rohstoffpreise, aber auch Umweltschutzinvestitionen sowie steigende Lohn- und Servicekosten drücken erheblich auf die Ertragslage der klebstoffherstellenden Unternehmen.

## Positiver Blick in die Zukunft

Auch über 1998 hinaus erwartet der Industrieverband Klebstoffe eine anhaltend gute Entwicklung des Gesamtklebstoffgeschäftes. Zum einen sind die Prognosen führender Wirtschaftsforschungsinstitute für die konjunkturelle Entwicklung in den größten Klebstoff-Abnehmersegmenten durchweg positiv. Zum anderen sichern innovative Klebstoffsysteme für alle Anwendungsbereiche von A bis Z – vom Auto bis zur zahnmedizinischen Anwendung – Produktivitätssteigerungen und technischen Fortschritt für den Anwender. Wenn es der

Klebstoffindustrie darüber hinaus gelingt, für ihre Produkte Marktpreise zu erzielen – welche den technisch hohen Stellenwert und das enorm nutzenstiftende Potential der Klebstoffe widerspiegeln – dann sind alle Voraussetzungen für einen gesicherten Fortbestand der Branche auch über die Jahrtausendwende hinaus erfüllt.

# Aus der Gremienarbeit

## Mitgliederversammlung

Die Mitgliederversammlungen am 23. Mai 1997 in Weimar und am 5. Juni 1998 in Heidelberg standen im Zeichen der Weiterführung der effektiven und nutzenstiftenden Verbandsarbeit sowie eines konsequent weiteren Ausbaus der erfolgreichen Position und des Kompetenzprofils des Verbandes in Richtung kleben und dichten. Die Anpassung der Struktur des Industrieverbandes an die Bedürfnisse seiner Mitglieder und den Problemstellungen ihrer Märkte sowie die Integration weiterer Interessensgruppen und Industriezweige, die sich mit Verbindungstechnik beschäftigen, genießen dabei eine ebenso hohe Priorität wie die Installation von Instrumenten eines modernen Dienstleistungsmarketings.

In diesem Sinne beschloß die Mitgliederversammlung den Internetauftritt des Verbandes, der im Februar 1998 realisiert wurde. Dieser Auftritt eröffnet der Klebstoffindustrie und ihrem Verband nunmehr eine neue Dimension, sich in der Öffentlichkeit adäquat darzustellen. Als einen nächsten Schritt beschloß die Mitgliederversammlung 1998 den Aufbau eines Intranets zur Optimierung der internen Kommunikation innerhalb des Verbandes.

Das Engagement des Verbandes im Hinblick auf eine Intensivierung seiner Kontakte zu wissenschaftlichen Einrichtungen hat sich ebenfalls als ein strategisch richtiger Schritt erwiesen. Die gezielte Unterstützung von Instituten in praxisorientierten Fragen der Klebtechnik und – was immer wichtiger wird – in Fragen der Ausbildung sichert der Klebstoffindustrie ein Stück Zukunft. Als Multiplikatoren für die Fügetechnik „Kleben" sind diese Institutionen der Klebstoffindustrie eine wertvolle Unterstützung im Sinne der gemeinsamen Zielsetzung einer qualifizierten Markterweiterung.

Eine offene, konstruktive und damit – langfristig gesehen – glaubwürdige Politik verleiht dem Industrieverband ein markantes unverwechselbares Profil, und es garantiert ein hohes Maß an Erfolg und Glaubwürdigkeit.

Dies spiegelt sich u.a. im Dialog mit dem Bundesumweltministerium zum Thema „VOC-Reduzierung" wider. Auf der Basis der im Verband geführten Lösungsmittel-Verbrauchsstatistik ist es gelungen, das Bundesumweltministerium zu veranlassen, veraltetes Datenmaterial, welches die Klebstoffindustrie als den drittgrößten Lösungsmittelemittenten dargestellt hat, zu korrigieren. Ferner konnte der Verband glaubhaft nachweisen, daß die Klebstoffindustrie aufgrund ihrer intensiven Substitutions- und Lösemittelrückgewinnungsmaßnahmen bereits deutlich über 90 % der vom Umweltministerium geforderten VOC-Minderung realisiert hat.

Die aktive Teilnahme an Diskussionen um die Verwendung von Alkylphenolethoxylaten und die Initiierung einer wissenschaftlichen Studie zum Thema „Abfallvermeidung in der industriellen Klebtechnik“ demonstriert in eindrucksvoller und vorbildlicher Weise das umweltschutzorientierte Denken der Klebstoffindustrie und die konsequent zukunftsorientierte Politik ihres Verbandes.

Aus diesen und vielen anderen Diskussionen gewinnt die Klebstoffindustrie einerseits das Vertrauen der Behörden, und andererseits gewinnt sie wertvolles Wissen über künftige Entwicklungen im politischen Umfeld und damit wichtige Informationen für ihre Zukunft, gewissermaßen als Eckdaten – auch für Investitions- und Entwicklungsentscheidungen. Viele gute Beispiele der täglichen Verbandsarbeit beweisen, daß der Industrieverband Klebstoffe und seine Gremien den sich ihnen stellenden Herausforderungen in vollem Umfang gewachsen sind.

Im Rahmen der Mitgliederversammlung 1997 wurden die Herren Dr. G. Arend, Bayer AG, als Repräsentant der Rohstoffhersteller und R. Balk, Ardex GmbH, als Vertreter der Gemeinschaft Emissionskontrollierte Verlegewerkstoffe als neue Mitglieder in den Vorstand aufgenommen.

Auf der Mitgliederversammlung 1998 wurden der Vorstandsvorsitzende A. Picker, Henkel KGaA, und der stellvertretende Vorsitzende, Dr. P. Pfeiffer, Türmerleim GmbH, verabschiedet. Zum neuen Vorstandsvorsitzenden wählte die Mitgliederversammlung Dr. Jürgen Wegner, Henkel KGaA. Als sein Stellvertreter wurde Christoph Engelbrecht, Fritz Häcker GmbH + Co. gewählt.

Die Mitgliederversammlung beschloß, den seit Bestehen des Verbandes unverändert erhobenen Beitragssatz auch für die Beitragsjahre 1997 und 1998 nicht zu erhöhen.

Seit 1996 hat der Industrieverband 8 neue Mitglieder aufgenommen. Der Industrieverband Klebstoffe e.V. zählt derzeit 107 Mitglieder.

## Vorstand

Der Vorstand tagte im Berichtszeitraum Juni 1996 – Juni 1998 insgesamt neunmal.

Eine genaue Beobachtung der Entwicklungen der einzelnen Teilmärkte des Klebstoffgeschäftes gehört ebenso zu den Aufgaben dieses ranghöchsten Gremiums wie die Erörterung der Aktivitäten der verschiedenen kaufmännisch und technisch orientierten Gremien des Verbandes.

Die vom Vorstand mitinitiierte europaeinheitliche Klebstoff-Absatzstatistik im Rahmen des europäischen Klebstoffverbandes (FEICA) präsentiert sich nunmehr als ein zusätzliches praxisrelevantes Instrumentarium für die Mitglieder des Verbandes. Auf der Basis einer präzisen Definition von Märkten und Produktgruppen wird nunmehr bereits im 4. Jahr eine Erhebung über den Verbrauch von Klebstoffen in 14 europäischen Ländern durchgeführt, deren Ergebnis durch eine schweizerische Treuhandgesellschaft systematisiert und währungsvergleichend ausgewertet wird.

Bestätigt durch diesen Erfolg hat der Vorstand eine Revision und Neugestaltung der verschiedenen im Industrieverband geführten internen Absatzstatistiken veranlaßt. Darüber hinaus ist es ein Verdienst des Vorstandes, daß die offizielle Produktionsstatistik des Statistischen Bundesamtes seit 1998 wieder vergleichbare Produktionsdaten für Klebstoffe liefert, nachdem mit der Einführung einer europaeinheitlichen Nomenklatur in 1996 durch die Vermischung von Produktionsdaten mit Handelskenngrößen diese Statistik unbrauchbar geworden war.

Im Sinne der zukunftsorientierten Strukturierung des Verbandes und seiner Gremien wurde auf Initiative des Vorstandes den im Verband organisierten Rohstoffherstellern die Möglichkeit zur Bildung eines gemeinsamen Forums gegeben. Der gewählte Sprecher dieses Forums wurde vom Vorstand kooptiert. Diese volle Intergration der Rohstoffhersteller spiegelt den hohen Stellenwert wider, den dieser Industriezweig im Verband besitzt. Der Kreis der Rohstoffhersteller erarbeitet u. a. Berichte zur Situation der Rohstoffe, in welchen die Mitglieder des Industrieverbandes regelmäßig und exklusiv über Nachfrage und Verfügbarkeit sowie über Preisentwicklungen und -erwartungen informiert werden.

Mit der Gründung der „Gemeinschaft emissionskontrollierte Verlegewerkstoffe" (GEV) haben die bauklebstoffherstellenden Unternehmen des Industrieverbandes einen weiteren wertvollen Beitrag zum Arbeits-, Umwelt- und Verbraucherschutz geleistet. Der Vorstand unterstützt diese Initiative ausdrücklich, und er hat daher einen Repräsentanten des GEV-Vorstandes kooptiert.

Der Vorstand des Industrieverband Klebstoffe steht für eine offene, konstruktive und damit – langfristig gesehen – glaubwürdige Verbands-Politik ein, um in diesem Sinne – nach innen wie nach außen – dem Verband ein markantes unverwechselbares Profil zu geben. Über den klassischen Weg der Printmedien wurde vor 5 Jahren begonnen, dieses Profil in der Öffentlichkeit imagebildend darzustellen. Diese für alle Mitglieder des Verbandes imagefördernde Darstellung der Klebstoffindustrie und ihres Verbandes wird heute elektronisch über das Medium Internet fortgesetzt.

Im Sinne einer Erweiterung des Kompetenzprofils des Industrieverband Klebstoffe verfolgt der Vorstand derzeit das Ziel der Integration weiterer Industriezweige, die sich ebenfalls mit Verbindungstechniken beschäftigen.

Die nach wie vor stetig steigende Mitgliederzahl im Verband wertet der Vorstand als ein Zeichen der richtigen Positionierung des Industrieverband Klebstoffe e.V. und der hohen Attraktivität der Arbeiten seiner Gremien.

## Technischer Ausschuß

In insgesamt sechs Sitzungen hat der **T**echnische **A**usschuß (TA) in den Jahren 1996/98 die fachspezifischen Arbeiten der Technischen Kommissionen, Unterausschüsse und ad hoc-Gremien aufgenommen und eingehend diskutiert. Darüber hinaus wurden zahlreiche fachübergreifende Themenfelder nach ebenfalls intensiver Diskussion im Technischen Ausschuß durch entsprechende Verbandsaktivitäten proaktiv mitgestaltet.

Tatkräftig unterstützt durch die Mitgliedsfirmen ist der Technische Ausschuß derzeit intensiv bemüht, bezüglich der TRGS 440 „Ermittlungspflichten“ ein für die Klebstoffanwender sinnvolles und leicht handhabbares branchenspezifisches Beurteilungssystem zu entwickeln.

Die TRGS 440 ist ein Projekt des Ausschusses für Gefahrstoffe (AGS) des Bundesministeriums für Arbeit und Sozialordnung (BMA) und wird vom VCI unter Mitwirkung verschiedener Fachverbände begleitet. Ziel dieser TRGS ist es, dem Anwender ein Instrumentarium an die Hand zu geben, mit dessen Hilfe er, sofern verschiedene Produktalternativen zur Verfügung stehen, das am wenigsten gefährliche Produkt auswählen kann. Die in der TRGS 440 genannte Verfahrensweise – die herstellerseitige Ermittlung von Gefährdungszahlen – führt jedoch aufgrund des vorgeschriebenen Berechnungsverfahrens insbesondere bei Zubereitungen (wie sie in der Klebstoffindustrie in der Regel eingesetzt werden) zu widersprüchlichen oder gar falschen Aussagen.

Der Technische Ausschuß strebt an, für die Klebstoffanwender eine sogenannte Branchenlösung zu entwickeln, zumal die TRGS 440 solche Branchenlösungen als Alternative zu dem Berechnungsverfahren ausdrücklich zuläßt.

Das gemeinsame Projekt von Umweltbundesamt (UBA) und Industrieverband Klebstoffe einer Studie zur „Abfallvermeidung in der industriellen Klebtechnik“ ist ein Beispiel für das vorausschauende Bemühen der Klebstoffindustrie, staatliches Interesse an Ressourcenschonung und unternehmerisches Interesse an wirtschaftlichen Produktionsverfahren miteinander zu verbinden.

Die vom Technischen Ausschuß begleitete Studie wurde mittlerweile abgeschlossen und führte u. a. zu dem Ergebnis, daß seitens der Klebstoffindustrie derzeit kein gesetzlicher Handlungs- und Regelungsbedarf besteht. Die Studie hat aber auch ergeben, daß die bestehenden Abfallgesetze, -verordnungen und -richtlinien für den Anwender zu kompliziert und zu wenig verständlich sind. Weiterhin besteht bei den Anwendern von Klebstoffen ein hoher Bedarf an Sensibilisierung und Aufklärung bezüglich der Abfallentstehung und den hiermit verbundenen Kosten.

Aufgrund einer Initiative des Bundesumweltministeriums (BMU) zur Reduzierung von VOC im Hinblick auf die Sommersmoggefahr war der VCI zusammen mit weiteren Fachverbänden aufgerufen, die Möglichkeiten zur VOC-Minderung aufzuzeigen. Der Technische Ausschuß hat sich intensiv mit dem Thema befaßt und konnte anhand einer Lösemittelverbrauchsumfrage darlegen, daß das gesteckte Ziel eine VOC-Reduzierung von 70 % bis zum Jahr 2007 (auf Basis des Verbrauchs im Jahr 1988) schon jetzt weitestgehend erreicht wurde. Eine Reglementierung für die Klebstoffindustrie ist infolgedessen derzeit nicht mehr zu erwarten.

Nachdem aufgrund einer skandinavischen Initiative Methylendiphenyldiisocyanat (MDI) in „giftig“ und Toluylendiisocyanat (TDI) in „sehr giftig“ umgestuft werden sollten, obwohl hierzu keinerlei neue Erkenntnisse oder Untersuchungsergebnisse vorliegen, war der Technische Ausschuß eingehend bemüht, auf die gravierenden technischen und wirtschaftlichen Konsequenzen einer solchen ungerechtfertigten Umstufung aufmerksam zu machen. In einer konzertierten Aktion mit verschieden anderen europäischen Verbänden wurden die jeweiligen nationalen Regierungsstellen auf die Folgen der geplanten Umstufung aufmerksam gemacht. Mittlerweile wurde das Thema von der EU-Kommission zurück in die Technischen Ausschüsse verwiesen, in denen den Industrieexperten nochmals Gelegenheit gegeben wird, ihre technisch-wissenschaftlichen Argumente darzulegen.

Im Rahmen der europäischen Altstoffverordnung wird derzeit von Großbritannien eine Risikobewertung für Alkylphenole (speziell Nonylphenol) erstellt. In Wasser gelöste Alkylphenole stehen im Verdacht, endokrine Effekte auszulösen. Die Klebstoffindustrie ist insofern hiervon betroffen, als auch in bestimmten Klebstofftypen – den Dispersionsklebstoffen – teilweise Alkylphenolethoxylate (APEO) als Hilfsmittel eingesetzt werden. Da diese Hilfsstoffe zu Alkylphenolen abgebaut werden, hat der Technische Ausschuß seine Mitgliedsfirmen vorsorglich schon vor einem Jahr aufgefordert, diese Stoffklasse im Rahmen von Responsible Care bei künftigen Neurezepturen nicht mehr zu verwenden.

Das Umweltbundesamt prüft derzeit, inwieweit für bestimmte Anwendungen Verwendungsverbote ausgesprochen werden sollen. In der entsprechenden Anhörung der Industrie konnte der Industrieverband Klebstoffe darlegen, daß die durch Klebstoffe in Gewässer eingebrachten APEO-Mengen äußerst gering sind und sich die Klebstoffindustrie schon in einem Ausstiegsprozeß aus dieser Stoffgruppe befindet. Ein kurzfristiges Verwendungsverbot in Klebstoffen ohne ausreichende Übergangsfristen erscheint daher als wenig wahrscheinlich.

Der Unterausschuß „Schmelzklebstoffdämpfe“ konnte nach erfolgreichem Abschluß der Untersuchungen aufgelöst werden. Der Unterausschuß war der Frage nach der Zusammensetzung flüchtiger Bestandteile aus Schmelzklebstoffen während der Verarbeitung nachgegangen und hatte zu diesem Zweck ein neutrales, behördlich anerkanntes Institut mit Untersuchungen beauftragt. Die Ergebnisse der Untersuchungen belegen, daß „insgesamt keine besondere Gesundheitsgefährdung durch problematische Substanzen in einem kritischen Konzentrationsbereich“ erkennbar ist. Das erfreuliche Ergebnis wurde in einem Kundeninformationsschreiben formuliert und den Mitgliedsfirmen zur Verfügung gestellt.

Die intensiven Bemühungen des Verbandes (TA-Unterausschuß »Kolophonium«) hatten 1994 erfolgreich zu einer Reklassifizierung von Kolophonium von Xn (inhalationssensibilisierend) in Xi (hautsensibilisierend) geführt. Mittlerweile wurde vom europäischen Harzverband (HARRPA) festgestellt, daß offensichtlich nur oxidiertes Kolophonium ein hautsensibilisierendes Potential besitzt. Auf Grund dieser Ergebnisse wurde im August 1997 für nicht oxidiertes Kolophonium die Freistellung von der Kennzeichnung beantragt. Die EU sucht derzeit nach einer gesicherten Prüfmethode zur Bestimmung der Oxidation z. B. über den Oxidationsgrad oder die Korngröße. Das Thema wird auf der nächsten Sitzung des Europäischen Chemikalienbüros (ECB) diskutiert.

Weitere Themen der Erörterung im Technischen Ausschuß waren:

- Prüfung Lösemitteldefinition nach TRGS 610
- Prüfung Zinnorganische Verbindungen in Brauereispülwässern
- Zementkennzeichnung

- Verwendung von Acrylamid in Klebstoffrezepturen
- Substitution von Azofarbstoffen
- Verwendung von Lösemitteln
- Arbeits- und Verbraucherschutz
- Umweltschutzleitlinien
- Normung auf europäischer Ebene

## Technische Kommission Bauklebstoffe

In insgesamt sechs regulären Sitzungen und 58 sonstigen Veranstaltungen hatte die **T**echnische **K**ommission **B**auklebstoffe (TKB) bzw. deren Mitglieder seit Mitte 1996 eine Vielzahl bauklebstoffspezifischer Themen zu bearbeiten.

Im Mittelpunkt des Interesses der Fachwelt stehen nach wie vor die von der TKB ins Leben gerufenen Fachtagungen „Klebstoffe in der Fußbodentechnik“, die im Frühjahr der Jahre 1997 und 1998 zum 13. bzw. 14. Mal in Frankfurt/Main stattgefunden haben. Mit jeweils über 200 Tagungsteilnehmern präsentiert sich diese Veranstaltung als etablierter Branchentreff, welcher in Fachkreisen einen hohen Stellenwert besitzt.

Jeweils im Herbst 1996 und 1997 hat die TKB eine Fachtagung zum Thema „Verlegen von Fliesen und Platten“ durchgeführt, anläßlich welcher Experten Stellung zu aktuellen Themen und Problemkreisen dieser Branche genommen haben.

Mittlerweile stehen die Merkblätter „Kleben von Parkett“, „Kleben von Elastomerbelägen“ und „Kleben von Laminatböden“ interessierten Anwendern, Gutachtern und Instituten zur Verfügung. Insgesamt wurde für alle Merkblätter ein einheitliches Design entworfen. Weitere TKB-Untergruppen erarbeiten zur Zeit weitere Merkblätter zu den Themen „Untergründe“, „Flexmörtel“ sowie „Kleben von Linoleum“ und „Kleben von Korkbelägen“.

Nachdem mit dem GISCODE ein weitestgehend wettbewerbsneutrales Kennzeichnungssystem für Bodenbelagsklebstoffe und -vorstriche sowie „zementäre Produkte“ (Bodenspachtel, Fliesenklebstoffe, Ausgleichsmassen etc.) geschaffen wurde, für welches der TKB vom Bundesminister für Arbeit und Sozialordnung der deutsche Gefahrstoffschutzpreis verliehen wurde, sind mit Inkrafttreten der TRGS 440 „Ermittlungspflicht“ alle GISCODE-klassifizierten Verlegewerkstoffe von dem in der TRGS vorgeschriebenen Berechnungsverfahren zur Ermittlung von Gefährdungszahlen nicht mehr betroffen.

In Fortführung dieser erfolgreichen Arbeit ist die TKB derzeit bemüht unter Einbeziehung weiterer Interessensvertretungen das GISCODE-System auch auf andere bauchemische Produkte auszudehnen.

In der europäischen und nationalen Normung ist die TKB in insgesamt mehr als acht Normengremien des DIN, des CEN/TC 193 „Klebstoffe“, des CEN/TC 134 „Bodenbeläge“ sowie des CEN/TC 67 „Keramische Beläge“ jeweils durch ein oder mehrere Kommissionsmitglieder repräsentiert und nimmt damit aktiven Einfluß auf die zahlreichen – für die Bauklebstoffindustrie relevanten und wichtigen – Prüf- und Anforderungsnormen.

Die vorbereitenden Arbeiten zur Prüfung und Einstufung sehr emissionsarmer Verlegewerkstoffe, die zur Gründung der **G**emeinschaft **E**missionskontrollierte **V**erlegewerkstoffe e.V. (GEV) geführt hat, wurde durch die TKB geleistet. Die TKB führt diese Arbeiten nunmehr als Technischer Beirat der GEV fort und aktualisiert Prüfmethoden und Einstufungskriterien jeweils dem Stand der Technik entsprechend.

Weitere Themen der Bearbeitung waren:

- Polyzyklische aromatische Kohlenwasserstoffe (PAK)
- Verwendung von Epilink-Härtern
- Einstufung von Kolophonium
- Lösemitteldefinition
- Bauprodukten-Richtlinie und mandatierte Normung
- Kontakt zur Gemeinschaft Umweltfreundlicher Teppichboden (GUT)

## Technische Kommission Haushalt-, Hobby- und Büroklebstoffe

Die **T**echnische **K**ommission **H**aushalt-, **H**obby- und **B**üroklebstoffe (TKHHB) begleitet eine Vielzahl von Richtlinienvorschlägen der Europäischen Union sowie der jeweiligen nationalen Regierungen. Das Hauptinteresse gilt dabei den Regelungen, die Klebstoffe in Kleinpackungen betreffen, soweit sie für den Endverbraucher bestimmt sind.

Im Unterschied zur Konzeption der deutschen FertigpackungsV. hat die EU-Kommission beschlossen, eine generelle Pflicht zur Grundpreiskennzeichnung einzuführen. Damit wurde auch die frühere Anknüpfung an die Standardreihenrichtlinie aufgegeben, wonach Ausnahmen von der Grundpreiskennzeichnung für bestimmte Verpackungsgrößen zulässig waren. Im Rahmen der nationalen Umsetzung ist noch nicht entschieden, ob Klebstoffe sinnvollerweise in der PreisangabenV von dieser Kennzeichnung ausgenommen werden sollen.

Zur Beibehaltung vorgegebener Standards über Verpackungsgrößen (Anlage 3 zur FertigpackungsV.) wird sich das Ministerium erst äußern, wenn das EU Rechtsetzungsverfahren abgeschlossen ist. Das Ministerium sieht jedoch derzeit keinen Anlaß zur Aufrechterhaltung von Standardreihen. Der Wegfall von Standardreihen für Klebstoff-Verpackungen würde für die deutsche Klebstoffindustrie eine enorme Erleichterung sowie eine bessere Wettbewerbssituation in Europa bedeuten, da diese Reihen für Klebstoffe bisher ausschließlich in der Bundesrepublik Deutschland vorgeschrieben sind. Die TKHHB versucht in engem Kontakt mit den entsprechenden Behörden, eine Aufhebung der Standardreihen für Klebstoffe zu erreichen.

Die diversen Entwürfe zur Novellierung der Verpackungsverordnung wurden mit ihren Auswirkungen für die Klebstoffindustrie bereits seit 1995 diskutiert. Durch Zustimmung des Bundesrates am 29.05.1998 herrscht nunmehr Klarheit über die künftigen wesentlichen Veränderungen. Zwecks praktischer Umsetzung der Verordnung hat der Technische Ausschuß seinen Unterausschuß „Verpackung und Entsorgung“ ins Leben gerufen (s. Seite 26).

Im Ausschuß für Gefahrstoffe im Bundesarbeitsministerium hat sich ein Unterausschuß (UA II) gebildet, der sich mit der Kennzeichnung von Verbraucherprodukten beschäftigt. Hintergrund der Bildung dieses Gremiums ist die Auffassung, der gewerbliche bzw. industrielle Verwender werde über das Sicherheitsdatenblatt mit ausreichenden Informationen versorgt, dem privaten Verbraucher stünden aber nur spärliche Informationen zur Verfügung. Nach den Forderungen dieses Ausschusses sollten dem privaten Endverbraucher im Umfang etwa die Hälfte der Informationen zur Verfügung stehen, die dem gewerblichen Verbraucher derzeit über das Sicherheitsdatenblatt bereitsteht.

Die TKHHB setzt sich dafür ein, jede nicht sinnvolle Zusatzbelastung für die Unternehmen zu vermeiden. Bereits heute sind die Produktdarstellungs- und Anwendungshinweise auf Verpackungen auf ca. 1/3 der Verpackungsfläche reduziert. Ein zusätzlicher warnender „Schilderwald“ bringt dem Verbraucher kaum einen Nutzen, wohl aber den Herstellern (und damit auch Verbrauchern) erhebliche Kosten durch Vergrößerung der Verpackungsflächen oder durch den Einsatz von Beipackzetteln.

Die Werbung für gefährliche Stoffe gemäß § 15a Chemikaliengesetz enthält das Verbot, für einen gefährlichen Stoff zu werben, ohne die betreffenden Gefährlichkeitsmerkmale anzugeben. Die TKHHB teilt in diesem Zusammenhang die Auffassung des VCI, daß dieses Verbot nur für Stoffe und nicht für Zubereitungen gilt. Demnach unterliegen Klebstoffe und ähnliche Zubereitungen diesem Verbot derzeit nicht. Allerdings findet sich diese Restriktion der Werbung im Entwurf der EU-Zubereitungsrichtlinie wieder, was dazu führen könnte, daß auch Klebstoffe dieser Werbeeinschränkung mittelfristig, d.h. in 2 bis 5 Jahren, unterliegen. Gemeinsam mit den Gremien des VCI verfolgt der Verband das Ziel, diese Regelung im Entwurf der Zubereitungsrichtlinie zu Fall zu bringen.

Die Normungsarbeiten zur EN ISO 11683 (Gefahrenkennzeichnung für blinde Personen, früher: EN 272) sind abgeschlossen. Die Norm liegt seit Juni 1998 vor. Damit ist die Kennzeichnung nunmehr auch für Tuben und Kartuschen auf der „Schulter“ in Form von kleinen Dreiecken oder Punkten gemäß § 13 Abs.9 der GefahrstoffV praktikabel.

Die TKHHB regte gegenüber der Stiftung Warentest an, eine Befristung der Vergabe für Warentestzeichen festzuschreiben. Hintergrund dieser Diskussion ist die Werbung eines Klebstoffherstellers mit einem ca. 10 Jahre alten Testergebnis. Der betreffende Hersteller wurde in der Zwischenzeit von der Zentrale zur Bekämpfung unlauteren Wettbewerbs e.V. abgemahnt.

Es besteht Einigkeit darüber, epoxidharzhaltige Zubereitungen nicht zusätzlich mit dem Symbol N (umweltgefährlich) zu kennzeichnen, allerdings müssen entsprechende Sicherheitsdatenblätter im Gefahrgutbereich (Pkt. 14 Transportvorschriften des Sicherheitsdatenblatts) in Gefahrgutklasse 9 eingestuft werden.

In der für 1997 vorgesehenen 23. Anpassungsrichtlinie zur Gefahrstoffverordnung der Europäischen Gemeinschaft war vorgesehen, Ethyl- und Methylester der Cyanacrylsäure als sensibilisierend einzustufen. Dies würde zumindest eine Kennzeichnung als reizend (Xi), bezüglich Methylester sogar als gesundheitsschädlich (Xn), bedeuten. Diese Einstufung wurde auf Intervention von Mitgliedsfirmen der TKHHB einstweilen auf die für 1999 vorgesehene 24. Anpassung verschoben.

Die 24. Anpassung „Kennzeichnung gefährlicher Substanzen (und Zubereitungen)“ wird bereits in den entsprechenden Gremien erarbeitet. Eine erste Liste vorgeschlagener Substanzen zur Einstufung wird hinsichtlich ihrer Folgewirkungen in der Kennzeichnung von Klebstoff-Zubereitungen in der TKHHB diskutiert.

Ein Vorschlag für eine interne Absatzstatistik für den Bereich Klebstoffe für Haushalt, Hobby und Büro wurde von der TKHHB diskutiert und das Konzept derzeit überarbeitet.

Eine Übersicht über alle in Europa existierenden umweltbezogenen Umweltkennzeichnungssysteme (vom blauen Engel bis hin zum Ökosiegel) wurde vom Industrieverband Klebstoffe erarbeitet und den Mitgliedern der TKHHB vorgelegt.

## Technische Kommission Holzklebstoffe

In insgesamt sieben regulären und einer weiteren Sondersitzung hat sich die **T**echnische **K**ommission **H**olzklebstoffe (TKH) intensiv mit klebstoff- und normungstechnischen Themen sowie mit der Erarbeitung von Fachpublikationen beschäftigt.

Im Hinblick auf die Eignung bzw. auf die Zulassung von Klebstoffen für die Fensterfertigung ist es der TKH gelungen, den Stand der Technik unter praxisrelevanten Gesichtspunkten zu definieren und diesen gemeinsam mit dem Institut für Fenstertechnik (i.f.t.), Rosenheim, in Form von 2 Merkblättern inhaltlich zu manifestieren. Die Merklätter „Konventionelle Holzfenster-Eckverbindungen“ und „Lamellierung von Fensterkanteln“ wurden der Fachwelt im Rahmen der Messe „Fensterbau“ im Frühjahr 1998 vorgestellt.

Die in diesen Merkblättern ausgesprochenen Empfehlungen, ausschließlich Klebstoffe mit normendefinierten Feuchtigkeitsbeständigkeiten und Wärmefestigkeiten zur Herstellung von Holzfenstern einzusetzen, spiegelt die jahrzehntelange gute Erfahrung der Industrie und ihr Wissen um die Wichtigkeit der Kriterien Wasser- und Wärmefestigkeit wider. Für den Verarbeiter bietet sich der Vorteil, daß diese Systeme in der Lage sind, evtl. Verarbeitungsfehler zu kompensieren, und schließlich werden mit diesen konkreten Empfehlungen Fragen nach Verantwortlichkeiten im Schadensfall vermieden bzw. geregelt. Insgesamt ist es das Verdienst der TKH, daß nunmehr eine durcheinander gebrachte fragile Marktordnung wiederhergestellt und eine Basis geschaffen wurde, von der aus es nun möglich ist, gemeinsam mit Fachinstituten, neuen technischen Fortschritt festzuschreiben.

Dazu gehört u. a. das i.f.t.-Projekt „Neue Fensterkonstruktionen“. Die TKH sieht deutlich den Trend zu neuen Fensterkonstruktionen, welche durchaus alternative Klebstoffsysteme und/oder alternative Prüfkriterien (z. B. Elastizität) erforderlich machen, und sie wird daher die Arbeiten des i.f.t. eng begleiten.

Objektprüfungen – zur Beurteilung der Eignung von Klebstoffen – steht die TKH sehr kritisch gegenüber. Ihrer Meinung nach werden hierbei lediglich die Verarbeitungsqualitäten, nicht aber die Klebstoffeigenschaften beurteilt, so daß Objektprüfungen allenfalls für definierte Verbunde herangezogen werden können. Zur Einschätzung des Stellenwertes von Objektprüfungen in Instituten und in der Fachwelt führt die TKH derzeit intensive Gespräche auf nationaler und europäischer Ebene.

Um das Thema Fensterbau ganzheitlich aus Sicht der holzklebstoffherstellenden Industrie betrachten zu können, erarbeitet die TKH derzeit ein Pflichten-/Lastenheft.

Die TKH engagiert sich intensiv auf dem Gebiet der europäischen Normung und sie ist regelmäßig im Normenkomitee CEN/TC 193/SC 1 „Holz- und Holzwerkstoffe" sowie in dessen Unterausschüssen vertreten. Durch diese aktive Mitarbeit ist es der TKH gelungen, die von ihr konzipierte Prüfmethode zur Bestimmung der Wärmefestigkeit von Holzklebstoffen, WATT '91, welche international akzeptiert und angewendet wird, nunmehr als europaweit gültige Norm einzuführen.

In einem derzeit laufenden Projekt beschäfigt sich die TKH mit der Erarbeitung schmelzklebstoffspezifischer Kenngrößen wie bspw. Dichte, Offene Zeit, Wärmekapazität, Wärmeleitfähigkeit etc. Ziel dieses Projektes ist, über die bisher veröffentlichten Kenngrößen für Kantenschmelzklebstoffe hinaus, weitere klebstoffspezifische Kennwerte zur Verbesserung der Sicherheit der Verarbeitung von thermoplastischen Kanten zu bekommen, indem diese Werte den Verarbeitern und Kantenherstellern zur Verfügung gestellt werden.

Mit den Merklättern „Offene Zeit" und „Kantenschmelzklebstoffe im Rollenschälversuch" hat die TKH der Fachwelt die Ergebnisse laufender Arbeiten vorgestellt und damit gleichzeitig praxisnahe Informationen an den Markt weitergegeben.

Weitere Themen der Bearbeitung waren:

- Überarbeitung des GKV-Merkblattes „Kleben von HPL-Platten"
- MDI-Kennzeichnung
- LGA-Bedampfungsprüfung

## Technische Kommission Klebebänder

Der Schwerpunkt der Arbeiten der TKK umfaßt insbesondere die branchenspezifischen Forderungen der Automobilindustrie nach QS 9000/VDA 6.1.

In einer Projektgruppe setzt sich die **T**echnische **K**ommission **K**lebebänder (TKK) mit spezifischen Forderungen der QS 9000/VDA 6.1 auseinander mit dem Ziel, eine gemeinsame Interpretation offener Fragen in Form einer Stellungnahme des Industrieverbandes zu entwickeln. Dabei führt die Forderung der Automobilindustrie zum Unternehmensvergleich (Benchmarking) zu unterschiedlichen Positionen. Die von Lejeune Associations Management (LAM) initiierte Umfrage bestätigt den problematischen Ansatz des Vergleichs von fast ausschließlich wirtschaftlichen Eckdaten ohne Berücksichtigung ganzer Geschäftsprozesse.

Ein weiteres Thema der Forderungen der Automobilindustrie ist die Durchführung von Prüfmittel-Fähigkeitsuntersuchungen (MSA = Measurement System Analysis).

Das Problem zerstörender Prüfungen am Prüfkörper ist mit Zertifizierern im Rahmen der Prüfmittelbewertung zu erörtern.

Design-Änderungen sind definitionsgemäß genehmigungspflichtig; hierzu zählen auch Produktverlagerungen, Wechsel der Rohstofflieferanten, Änderung der Prozeßführung in der Produktion. Die TKK ist hierzu der Auffassung, daß Änderungen erst dann vorliegen, wenn die ursprüngliche Produktspezifikation verlassen wird. Die TKK beabsichtigt, eine entsprechende Stellungnahme zu erarbeiten und gemeinsam mit dem Technischen Ausschuß nach außen zu vertreten.

Das Produktions-Abnahmeverfahren (PPAP) ist eine umfangreiche Dokumentation aus Risikoanalysen, Steuerungs- und Prozeßablaufplänen, Fähigkeitsnachweisen für Prüf- und Prozeßmittel, mit denen sich der Klebebandhersteller der Genehmigungspflicht durch den Kunden unterwirft. Unterlagen aus PPAP stellen ein erhebliches Maß an Unternehmens-know-how dar, so daß geeignete Maßnahmen zum Schutz der Vertraulichkeit ohne gleichzeitige Vernachlässigung von Kundeninteressen erörtert werden.

Die zukünftige organisatorische Betreuung der AFERA-Mitglieder durch das niederländische Dienstleistungsunternehmen LAM in Den Haag wird von der TKK unterstützt. Bis auf den Rest der budgetären und verwaltungsmäßigen Arbeiten, die weiterhin in Paris beim Kautschukverband SNCP verbleiben, werden alle übrigen Dienstleistungen von LAM erbracht. Die Mitglieder der TKK tragen zur Gestaltung der neuen Broschüre „AFERA-News“ bei, indem sie Berichte über Tagungen und Veranstaltungen der Klebebandindustrie sowie über neue Produkte an LAM weiterleiten.

Weitere Themen der TKK waren

- Vorbereitung der AFERA-Konferenz
- Stickies – klebende Verunreinigungen im Recycling der Papierindustrie
- Modular Metric – internationale Vereinheitlichung der Längen/Breiten von Klebebandrollen
- VOC – Maßnahmen der Emissionsreduktion durch die Klebebandindustrie in der Diskussion mit dem BMU

## Technische Kommission Papier- und Verpackungsklebstoffe

Im Mittelpunkt der Arbeiten der sieben Sitzungen der **T**echnischen **K**ommission **P**apier- und **V**erpackungsklebstoffe (TKPV) im Zeitraum 1996/98 stand die Fortsetzung der Arbeiten zur EU-Richtlinie „Plastic Materials intended to come into Contact with Foodstuff“ und ihre Übertragung in deutsches Recht, d. h. in das Lebensmittelbedarfsgegenständegesetz (LMBG) bzw. in die Lebensmittelbedarfsgegenständeverordnung.

Obwohl der Gesetzgeber Klebstoffe zur Herstellung von Lebensmittelbedarfsgegenständen vom Geltungsbereich der EU-Richtlinie und damit vom LMBG und seiner Verordnung explizit ausnimmt, unterliegen Klebstoffe dennoch der Verpflichtung einer lebensmittelrechtlichen Beurteilung. Wenn Klebstoffe für Lebensmittelbedarfsgegenstände auf Basis von Polymeren und Additiven formuliert sind, die auch zur Herstellung von Kunststoffen Verwendung finden, gelten die entsprechenden Anhänge zur Bedarfsgegenständeverordnung. In allen anderen Fällen behalten die Empfehlungen des Bundesamtes für gesund heitlichen Verbraucherschutz und Veterinärmedizin (früher Bundesgesundheitsamt) oder die einschlägigen Bestimmungen der amerikanischen FDA-Behörden (Food and Drug Administration) ihre Gültigkeit.

Im Vorfeld der Erarbeitung einer EU-Positivliste über Substanzen zur Herstellung von Klebstoffen für Bedarfsgegenstände durch die EU-Behörden haben die Experten der TKPV eine Liste klebstoffspezifischer Substanzen erarbeitet, welche mehr als 2.500 – weltweit zur Herstellung von Klebstoffen für Lebensmittelbedarfsgegenstände zugelassene – Stoffe enthält und diese den EU-Behörden zugänglich gemacht. Die für jede einzelne dieser Substanzen vorgeschriebene toxikologische Untersuchung, als Voraussetzung für die Aufnahme in die Positivliste, gestaltet sich sehr aufwendig und sehr kostenintensiv. Insbesondere im Bereich der Additive, Hilfsmittel, etc. steht zu befürchten, daß auf die Prüfung bestimmter (u.U. umsatzschwacher) Produkte verzichtet wird und somit als zugelassene Rohstoffe der Klebstoffindustrie zukünftig nicht mehr zur Verfügung stehen.

Diese Problematik sieht zwischenzeitlich auch die EU-Kommission, und sie hat daher eine umfassende, mehr praxisorientierte Änderungsrichtlinie des Lebensmittelbedarfsgegenständegesetzes angekündigt.

Vor diesem Hintergrund dieser u.a. durch den Verband initiierten Entwicklung hat die TKPV gemeinsam mit dem Fraunhofer Institut für Verpackungstechnik und Verpackung ein umfassendes Untersuchungsprojekt zur Charakterisierung des Migrationsverhaltens formulierter Klebstoffe (Extraktionsmessung / Migrationsberechnung) unter Praxisbedingungen initiiert, dessen Ergebnis zeigt, daß auch unter „worst case"-Betrachtungen die Mengen migrierter klebstoffrelevanter Substanzen erheblich unter denen vom Gesetz geforderten Limits liegen. Dieses Ergebnis ist für die Klebstoff- und Klebrohstoffindustrie von höchster Bedeutung, da u. U. auf die toxikologischen Untersuchungen für bestimmte Substanzen gänzlich verzichtet werden kann. Die Ergebnisse der Studie werden in Kürze auf nationaler und europäischer Ebene veröffentlicht werden.

Aufgrund der europäischen Dimension der Fragestellung „Lebensmittelrecht" steht die TKPV ebenfalls im engen Kontakt zur de Montfort Universität, Leicester, die im Auftrag des britischen Ministeriums für Landwirtschaft, Fischerei und Lebensmittel sowohl eine Liste klebstoffspezifischer Substanzen als auch Migrationsuntersuchungen durchführt. Ziel des Kontaktes zu den Wissenschaftlern in Leicester ist eine Koordination und Abstimmung der Arbeitsinhalte im Sinne einer zielorientierten Ergänzung wichtiger Informationen.

Eng verbunden mit der Verpackungsverordnung steht die Forderung des Bundesumweltministeriums nach höheren Recyclingquoten im Papierbereich. Einhergehend mit dieser Forderung wurde am Markt zunehmend die Frage nach dem Störpotential geklebter Papiere und Kartonagen seitens der papierherstellenden Industrie gestellt. Zu diesem Thema stehen die Experten der TKPV in einem intensiven Dialog mit der Papierindustrie und wissenschaftlichen Einrichtungen.

Der europaweiten Bedeutung wegen werden die Themenkreise „Klebstoffe für Lebensmittelbedarfsgegenstände“ und „Recycling“ auf Initiative der TKPV auch sehr intensiv in einer eigens dafür eingerichteten europäischen Arbeitsgruppe erörtert, um somit eine gesamteuropäische Lösung dieser wichtigen Fragen zu finden.

Gegenüber dem Umweltbundesamt konnte die TKPV im Rahmen einer Anhörung zum Projekt „Abwässer aus der Flaschen- und Behälterreinigung“ glaubhaft nachweisen, daß die im Verband organisierten Hersteller von Etikettierklebstoffen keine zinnorganischen Verbindungen zur Konservierung wäßriger Etikettierklebstoffe einsetzen.

In der Arbeitsgruppe „Klebstoffe für Papier, Verpackung, Kartonagen und Hygieneprodukte“ des europäischen Normungs-Komitees CEN/TC 193 sowie im nationalen Spiegelgremium DIN/NMP 458 übernehmen Experten der TKPV die technische Repräsentanz der deutschen Hersteller von Papier- und Verpackungsklebstoffen. Als sehr erfolgreich und zum Nutzen für die Industrie hat sich das Engagement der TKPV im Hinblick auf die Umsetzung des vom Technischen Ausschuß initiierten Lean Management Programms in der Normung erwiesen.

Aktuelle Problemstellungen der Branche werden in einer Vielzahl von Seminaren, Schulungen und Tagungen allerorts angeboten. Oft spielen bei vielen dieser Veranstaltungen handfeste Wettbewerbsaspekte eine große Rolle. Die TKPV hat mit ihrer Fachtagung „Klebstoffe in der abpackenden Industrie“ ein weitestgehend wettbewerbsneutrales Forum für den Informationsaustausch, bei dem nicht einseitige Interessenslagen im Vordergrund stehen, nunmehr zum zweiten Mal erfolgreich durchgeführt.

Weitere Themen der Bearbeitung waren:

- Aromatische Amine in Verbundmaterialien
- Export Vac basierter Klebstoffe nach Dänemark
- Verwendung von Weichmachern
- Arbeitsschutz im Zusammenhang mit Papier-/Verpackungsklebstoffen

## Technische Kommission Schuhklebstoffe

An der IMS 1997 in Pirmasens (Internationale Messe für Schuhfabrikation) beteiligte sich die **T**echnische **K**ommission **S**chuhklebstoffe (TKS) firmenneutral gemeinsam mit dem PFI mit einem Beitrag über lösemittelfreie Sohlenklebung. Vor dem Hintergrund zunehmender Beschränkungen bei der Anwendung von lösemittelhaltigen Klebstoffen wurden neue positive Ergebnisse der technischen Substituierbarkeit durch wäßrige Systeme und Reaktivschmelzklebstoffe vorgestellt. Im Rahmen einer Podiumsdiskussion wurden die Erfahrungen und Forderungen von Schuhherstellern und Maschinenherstellern eingebracht.

Die Veranstaltung wurde an drei Tagen von insgesamt über 400 Personen besucht. In den Diskussionen wurde über Möglichkeiten und Grenzen der lösemittelfreien Systeme gesprochen. Die Kooperation zwischen Sohlenherstellern, Schuhherstellern und TKS wurde als Voraussetzung zur Verbesserung der Qualitätskonstanz gesehen. Die Veranstaltung verdeutlicht das Streben des Industrieverbandes, im Sinne des Arbeits-, Verbraucher- und Umweltschutzes lösemittelfreie Alternativen zu fördern, aber auch die technischen Grenzen deutlich zu demonstrieren.

Eine TKS-Publikation über zu beachtende Vorschriften in Zusammenhang mit der Lagerung von Klebstoffen erschien in der Zeitschrift „Adhäsion kleben & dichten" unter dem Titel „Wassergefährdung ausgeschlossen".

Für die Zeitschriften „Schuhtechnik" und „Satra-Bulletin" wurde eine Veröffentlichung über den aktuellen Stand der Normung auf dem Gebiet der Schuhklebstoffe vorbereitet.

Im Hinblick auf die nationale und internationale Normung im Bereich „Klebstoffe für Leder- und Schuhwerkstoffe" konnten sechs Normen zur

- Prüfung der Klebbarkeit von Werkstoffen
- Prüfung der Festigkeit von Klebungen unter festgelegten Bedingungen
- Mindestanforderungen und Klebstoffklassifikation
- Bestimmung der Farbänderung durch Migration
- Bestimmung der optimalen Aktivierbedingungen
- Bestimmung der Wärmebeständigkeit von Zwickklebstoffen

redaktionell abgeschlossen und in die CEN-Schlußabstimmung bzw. zur CEN-Umfrage gegeben werden. Die drei erstgenannten Normen wurden inzwischen publiziert.

Die Auswahl von Referenztestmaterialien und Referenzklebstoffen wurde abgeschlossen und durch Ringversuche bestätigt. Die Testmaterialien können über das PFI in Pirmasens (Adresse s. Seite 223) bezogen werden.

Im Rahmen eines BMU/VCI-Projektes zur VOC-Emissionsminderung wurde von der TKS die technisch möglichen Potentiale des Ersatzes von Lösemittelklebstoffen realistisch unter Abschätzung der wirtschaftlichen und sozialen Konsequenzen erarbeitet.

Die TRGS 440 verlangt eine aufwendige Ermittlung der Gefährdung durch Gefahrstoffe am Arbeitsplatz. Als praktikable Alternative wurde beschlossen, ein Produktgruppen-Informationssystem zu entwickeln. Als Vorlage hierzu dient das von der TKB erarbeitete GISCODE-Kennzeichnungssystem für Bauklebstoffe.

## TA-Unterausschuß „Verpackung & Entsorgung"

Die Herausforderung, die die Verpackungsverordnung für die Unternehmen des Verbandes darstellte, konnte gemeistert werden. Ebenso wird die nach langer politischer Diskussion nun auch im Bundesrat verabschiedete Verpackungsnovelle von den Unternehmen umgesetzt werden.

Die Novelle berücksichtigt insbesondere Forderungen der europäischen Verpackungsrichtlinie, mit folgenden – für die Klebstoffindustrie – wesentlichen Änderungen:

- Künftig sind alle Verpackungen rücknahmepflichtig, jedoch
  a. Verpackungen mit gesundheitsgefährdenden Restanhaftungen (§ 4 Abs. 1 Nr.6-14, Abs. 2 Nr. 2) sind erst rücknahmepflichtig ab 31.12.1999.
  b. Schadstoffhaltige Verpackungen, die dem Selbstbedienungsverbot des § 4 ChemVerbV unterliegen, sind erst rücknahmepflichtig ab 1.01.2000 .
  Betroffen: giftig (T), sehr giftig (T+), ätzend (C), hochentzündlich (F+), gesundheitsschädlich (Xn) mit dem R-Satz:
  R 40 – Irreversibler Schaden möglich
  R 62 – Kann möglicherweise die Fortpflanzungsfähigkeit beeinflussen
  R 63 – Kann das Kind im Mutterleib möglicherweise schädigen
- MDI-haltige Druckgaspackungen unterliegen wie „schadstoffhaltige“ Verpackungen (b.) der Rücknahmepflicht ab 2000.
- Schadstoffhaltige Verpackungen (b.) dürfen nur vom DSD aufgenommen werden, wenn Systemverträglichkeit gutachterlich glaubhaft gemacht ist.
- Rücknahmepflicht entfällt bei Systembeteiligung (DSD), die ggfs. auf behördliches Verlangen nachzuweisen ist, zur Bekämpfung der „Trittbrettfahrerei“.
- Selbstentsorger im Bereich des privaten Endverbrauchs (DSD-Konkurrenz) haben ihre Entsorgungsleistung nach den Anforderungen zu dokumentieren, die das DSD zu leisten hat.
- Abweichende Vereinbarungen über Rückgabeort und Kostenregelung zu Transport- und Verkaufsverpackungen für den gewerblich/industriellen Endverbraucher können getroffen werden.

Die VCI-Projektgruppe „Rücknahme schadstoffhaltiger Verpackungen“ koordiniert systemübergreifend die künftige Entsorgung von Verpackungen, die ab 2000 ebenfalls der Rücknahmepflicht unterliegen. Die einschlägigen Entsorgungssysteme haben bereits Interesse an der Ausweitung ihrer Leistungen signalisiert.

## Beirat für Öffentlichkeitsarbeit

Gute Arbeit spricht erst für sich selbst, wenn sie in angemessen wirksamer Form dargestellt wird. Das gilt auch für die Klebstoffindustrie und ihren Verband. Der Beirat für Öffentlichkeitsarbeit sorgt für ein positives Erscheinungsbild des Industrieverbandes in seiner Funktion als Repräsentant der deutschen Klebstoffindustrie.

Die Fortsetzung der erfolgreichen Pressearbeit in der Tages-, Wirtschafts- und Fachpresse, die Konzeption des Internet-Auftritts sowie die Gestaltung des gesamten Erscheinungsbildes des Industrieverbandes im Sinne eines Corporate Identity waren nur einige der Schwerpunktaufgaben im Rahmen der Arbeiten des Beirates unter dem Vorsitz von Michael Kriesten.

Insgesamt sechs über einhundert Seiten starke Pressespiegel dokumentieren das außerordentlich gute Ergebnis der vom Beirat für Öffentlichkeit konzeptionell gestalteten Pressearbeit. In einer Art „Baukastenprinzip" ist es gelungen, in der Presse auf das große nutzenstiftende Potential von Klebstoffen bei der Herstellung von Gütern aller Art aufmerksam zu machen. Kostenintensive Produktoptimierungen führen zu immer ökologisch und ökonomisch besseren Produkten, die dem Verarbeiter Investitionen bspw. im Bereich Arbeits- und Umweltschutz ersparen und/oder zur Verbesserung seiner Produktivität beitragen. Diese Pressearbeit verhilft der Klebstoffindustrie zu einem ihr gerecht werdenden Image.

In einem Expertengespräch, zu dem der Industrieverband eingeladen hat, haben namhafte Wissenschaftler, Ökologen, Repräsentanten großer klebstoffverarbeitender Industriezweige und natürlich der Klebstoffindustrie selbst, Stellung zum Thema „Schlüsseltechnologie Kleben" genommen. Der Inhalt dieses Gespräches wird über die Presse publiziert.

Der Internet-Auftritt des Industrieverband Klebstoffe eröffnet nunmehr eine neue Dimension, die Klebstoffindustrie und ihr Leistungsvermögen, das nutzenstiftende Potential ihrer Produkte sowie den Industrieverband und sein Dienstleistungsangebot einer breiten Öffentlichkeit zugänglich zu machen.

## Geschäftsführung

Die Mitarbeiterinnen und Mitarbeiter der Geschäftsstelle des Industrieverbandes stellen die Koordinierung, Vor- und Nachbereitung der aus den verschiedenen Gremiensitzungen resultierenden vielfältigen Aufgaben sicher. Die Geschäftsführung versteht sich als fach- und sachkompetenter Partner der Klebstoffindustrie, die sie auch eigenständig gegenüber nationalen und europäischen Behörden, anderen Verbänden, Instituten und der Öffentlichkeit repräsentiert.

In dieser Funktion vertritt die Geschäftsführung die Klebstoffindustrie als voll stimmberechtigtes Mitglied in Beiräten verschiedener wichtiger Messen und Fachmagazinen, im VCI-Beratergremium zur Enquête-Kommission des deutschen Bundestages, in Lenkungsausschüssen verschiedener wissenschaftlicher Einrichtungen sowie in Arbeitsgremien verschiedener Bundesministerien. Als Mitglied des Vorstandes der Fachsektion „Klebtechnik" unter dem Dach der DECHEMA begleitet die Geschäftsführung die Koordinierung öffentlich geförderter wissenschaftlicher Forschungsprojekte im Bereich Klebstoffe.

Durch zahlreiche Publikationen, in Gesprächen mit fachinteressierten Kreisen sowie durch Fachvorträge kann die Geschäftsführung die Klebstoffindustrie, ihr nutzenstiftendes Leistungsspektrum sowie das vorbildliche in Richtung Arbeits-, Umwelt- und Verbraucherschutz orientierte Bewußtsein seiner Mitglieder und das zukunftsorientierte Innovationspotential der Klebstoffindustrie präsentieren und verdeutlichen.

# Gremien des Industrieverband Klebstoffe e.V.

**Vorstand**

*Vorsitzender:*

| | |
|---|---|
| Dr. Jürgen Wegner | Henkel KGaA<br>Henkelstraße 67<br>40191 Düsseldorf |

*Stellvertretender Vorsitzender:*

| | |
|---|---|
| Christoph R. Engelbrecht | Fritz Häcker GmbH + Co.<br>Im Holzgarten 18<br>71655 Vaihingen |

*Weitere Mitglieder des Vorstands:*

| | |
|---|---|
| Dr. Günter Arend | Bayer AG<br>51368 Leverkusen |
| Reinhard Balk | ARDEX GMBH<br>Friedrich-Ebert-Straße 45<br>58453 Witten-Annen |
| Dr. Wilhelm Eib | ZIKA chemische Fabrik<br>L. Zimmermann GmbH & Co.<br>Benzstraße 24<br>72793 Pfullingen |
| Dieter A. Hechenberger | UHU GmbH<br>Herrmannstraße 7<br>77815 Bühl |
| Dieter Henkel | TIVOLI Klebstoff GmbH<br>Reichsbahnstraße 99<br>22525 Hamburg |
| Michael Kriesten | Jowat Lobers u. Frank GmbH & Co. KG<br>Wittekindstraße 19<br>32758 Detmold |
| Dr. Hermann Lagally | H. B. Fuller Europe<br>An der Roten Bleiche 2-3<br>21335 Lüneburg |
| Erhard G. Mohr | Ato Findley Deutschland GmbH<br>Otto-Scheugenpflug-Straße 8<br>63073 Offenbach |
| Peter Rambusch | certoplast<br>Vorwerk & Sohn GmbH<br>Müngstener Straße 10<br>42285 Wuppertal |

| | |
|---|---|
| Dr. Heinz-Werner Utz | UZIN UTZ Aktiengesellschaft<br>Dieselstraße 3<br>89079 Ulm |
| Dr. Rainer Vogel | Henkel KGaA<br>Henkelstraße 67<br>40191 Düsseldorf |

**Technischer Ausschuß**

| | |
|---|---|
| *Vorsitzender:*<br>Dr. Rainer Vogel | Henkel KGaA<br>Henkelstraße 67<br>40191 Düsseldorf |
| Dr. Eva Keßler | 3M Deutschland GmbH<br>Carl-Schurz-Straße 1<br>41453 Neuss |
| Inge Löchel | National Starch & Chemical<br>GmbH & Co. KG<br>Im Altenschemel 55<br>67435 Neustadt |
| Dr. Peter Broschk | Beiersdorf AG<br>Unnastraße 48<br>20245 Hamburg |
| Dr. Hans-Günther Cordes | TIVOLI Klebstoff GmbH<br>Reichsbahnstraße 99<br>22525 Hamburg |
| Dr. Hannes Frank | Jowat Lobers u. Frank GmbH & Co. KG<br>Wittekindstraße 19<br>32758 Detmold |
| Dieter A. Hechenberger | UHU GmbH<br>Herrmannstraße 7<br>77815 Bühl |
| Dr. Roland Krieger | UZIN UTZ Aktiengesellschaft<br>Dieselstraße 3<br>89079 Ulm |
| Dr. Heinz-Werner Lucas | Bayer AG<br>41538 Dormagen |
| Hans-Jürgen Neumann | BASF Aktiengesellschaft<br>67056 Ludwigshafen |

| | |
|---|---|
| Dr. Hermann Onusseit | Henkel KGaA<br>Henkelstraße 67<br>40191 Düsseldorf |
| Dr. Hermann Pfeiffer | Türmerleim GmbH<br>Arnulfstraße 43<br>67061 Ludwigshafen |
| Dr. Hermann Schindler | Clariant GmbH, Division CP<br>65926 Frankfurt |
| Dr. Franz-Peter Schmitz | H. B. Fuller GmbH<br>An der Roten Bleiche 2-3<br>21335 Lüneburg |

**Technische Kommission Bauklebstoffe**

| | |
|---|---|
| *Vorsitzender:*<br>Dr. Roland Krieger | UZIN UTZ Aktiengesellschaft<br>Dieselstraße 3<br>89079 Ulm |
| Dr. Thomas Brokamp | Bona GmbH & Co. KG<br>Jahnstraße 12<br>65549 Limburg |
| Peter Fickeisen | BASF Aktiengesellschaft<br>67056 Ludwigshafen |
| Jürgen Gehring | Bostik GmbH<br>An der Bundesstraße Nr. 16<br>33829 Borgholzhausen |
| Günther Hermann | SCHÖNOX GmbH<br>Alfred-Nobel-Straße 6<br>48720 Rosendahl |
| Helmut Hintz | Clariant GmbH, Division CP<br>65926 Frankfurt |
| Dr. Matthias Hirsch | Kiesel Bauchemie<br>GmbH u. Co. KG<br>Wolf-Hirth-Straße 2<br>73730 Esslingen |
| Manfred Pohl | Wakol-Chemie GmbH<br>Bottenbacherstraße 30<br>66954 Pirmasens |

| | |
|---|---|
| Jürgen Lotz | MYDRIN ags GmbH<br>Feldstraße 37-45<br>63179 Obertshausen |
| Dr. Volker Matz | Clariant GmbH, Division CP<br>65926 Frankfurt |
| Dr. Bernd Schilling | Wacker-Chemie GmbH<br>Hanns-Seidel-Platz 4<br>81737 München |
| Helmut Seide | H.B. Fuller GmbH<br>Henriettenstraße 32<br>31582 Nienburg |

**Technische Kommission Haushalt-, Hobby und Büroklebstoffe**

| | |
|---|---|
| *Vorsitzender:*<br>Dieter A. Hechenberger | UHU GmbH<br>Herrmannstraße 7<br>77815 Bühl |
| Dr. Eva Keßler | 3M Deutschland GmbH<br>Carl-Schurz-Straße 1<br>41453 Neuss |
| Dr. Wolfgang Klauck | Henkel KGaA<br>Henkelstraße 67<br>40191 Düsseldorf |
| Thomas Raadts | Beiersdorf AG<br>Unnastraße 48<br>20245 Hamburg |

**Technische Kommission Papier- und Verpackungsklebstoffe**

| | |
|---|---|
| *Vorsitzender:*<br>Dr. Hermann Onusseit | Henkel KGaA<br>Henkelstraße 67<br>40191 Düsseldorf |
| Dr. Rainer Fasolt | PLANATOL Klebetechnik GmbH<br>Fabrikstraße 30<br>83101 Rohrdorf-Thansau |
| Hans-Joachim Fricke | BASF Aktiengesellschaft<br>67056 Ludwigshafen |
| Bernhard Kohlhoff | Jowat Lobers u. Frank GmbH & Co. KG<br>Wittekindstraße 19<br>32758 Detmold |

| | |
|---|---|
| Dr. Hermann Pfeiffer | Türmerleim GmbH<br>Arnulfstraße 43<br>67061 Ludwigshafen |
| Dr. Werner Praß | Clariant GmbH, Division CP<br>65926 Frankfurt |
| Ulrich Richter | National Starch & Chemical GmbH & Co. KG<br>Im Altenschemel 55<br>67435 Neustadt |
| Horst Schul | Forbo Uli-Chemie GmbH<br>Industriestraße 12<br>36277 Schenklengsfeld |
| Dr. Joachim Schulz | EUKALIN Spezial-Klebstoff<br>Fabrik GmbH<br>Ernst-Abbe-Straße 10<br>52249 Eschweiler |
| Winfried Stein | Fritz Häcker GmbH + Co.<br>Im Holzgarten 18<br>71665 Vaihingen |
| Wolfgang Zenker | H.B. Fuller GmbH<br>An der Roten Bleiche 2-3<br>21335 Lüneburg |

**Technische Kommission Schuhklebstoffe**

| | |
|---|---|
| *Vorsitzender:*<br>Dr. Heinz Werner Lucas | Bayer AG<br>41538 Dormagen |
| Thomas Anton | Forbo-Helmitin GmbH<br>Zweibrücker Straße 185<br>66954 Pirmasens |
| Martin Breiner | Kömmerling Chemische Fabrik GmbH & Co.<br>Zweibrücker Straße 200<br>66954 Pirmasens |
| Dr. Dieter Dausmann | Henkel KGaA<br>Henkelstraße 67<br>40191 Düsseldorf |
| Peter Kühnemund | TIVOLI Klebstoff GmbH<br>Reichsbahnstraße 99<br>22525 Hamburg |

| | |
|---|---|
| Rolf Kurzhals | forestali GmbH<br>Kurpfalzstraße 4<br>66981 Münchweiler |
| Ralph Schäfer | Vianova Resins GmbH<br>Rheingaustraße 190-196<br>65203 Wiesbaden |
| Bernd Schweisser | Salamander Industrie-Produkte GmbH<br>Jakob-Sigle-Straße 58<br>86842 Türkheim |
| Karl Heinz Simon | H. B. Fuller GmbH<br>Carl-Wery-Straße 26<br>81739 München |

**Technische Kommission Klebebänder**

| | |
|---|---|
| *Vorsitzender:*<br>Dr. Peter Broschk | Beiersdorf AG<br>Unnastraße 48<br>20245 Hamburg |
| Rainer Dübbers | 3M Deutschland GmbH<br>Carl-Schurz-Straße 1<br>41453 Neuss |
| Lutz Jacob | EXXON Chemical International Inc.<br>Hermeslaan 2<br>B – 1831 Machelen |
| Harald Kurth | Lohmann GmbH & Co. KG<br>Irlicher Straße 55<br>56567 Neuwied |
| Christoph Lodde | Coroplast Fritz Müller KG<br>Wittener Straße 271<br>42279 Wuppertal |
| Dr. Hartwig Lohse | Ashland Chemical<br>Drew Ameroid Deutschland GmbH<br>Hofberg 4<br>25597 Breitenberg |
| Dr. Ralf Rönisch | certoplast Vorwerk & Sohn GmbH<br>Müngstener Straße 10<br>42285 Wuppertal |
| Dr. Jürgen K. L. Schneider | Shell Chemicals Europe<br>Kraton Liquid Polymers<br>Heronbridge House, Chester Business Park<br>Chester CH4 9QA<br>United Kingdom |

| | |
|---|---|
| Erhard Wagner | TIVOLI Klebstoff GmbH<br>Reichsbahnstraße 99<br>22525 Hamburg |
| Alexander Zettl | BASF Aktiengesellschaft<br>67056 Ludwigshafen |

**TA-Unterausschuß „Verpackung & Entsorgung"**

| | |
|---|---|
| *Vorsitzender:*<br>Dieter A. Hechenberger | UHU GmbH<br>Herrmannstraße 7<br>77815 Bühl |
| Doris Dartsch | SCHÖNOX GmbH<br>Alfred-Nobel-Straße 6<br>48720 Rosendahl |
| Bernd Bennecke | Henkel KGaA<br>Henkelstraße 67<br>40191 Düsseldorf |
| Peter Bölcke | Jowat Lobers u. Frank GmbH & Co. KG<br>Wittekindstraße 19<br>32758 Detmold |
| Georg Bönisch | UZIN UTZ Aktiengesellschaft<br>Dieselstraße 3<br>89079 Ulm |
| Matthias Brachmann | Loctite Deutschland GmbH<br>Arabellastraße 17<br>81925 München |
| Franz Diehlmann | Weiss Chemie + Technik GmbH<br>Hansastraße 2<br>35703 Haiger |
| Erwin Dyrbusch | Kömmerling Chemische Fabrik GmbH & Co.<br>Zweibrücker Straße 200<br>66954 Pirmasens |
| Thomas Groß | Morton International GmbH<br>Beim Struckenberge 11<br>28239 Bremen |
| Michael Hartmann | Bostik GmbH<br>An der Bundesstraße Nr. 16<br>33829 Borgholzhausen |

| | |
|---|---|
| Rainer Hartmann | Henkel KGaA<br>Henkelstraße 67<br>40191 Düsseldorf |
| Alfred Huf | IBOLA GmbH<br>Münchener Straße 10<br>85375 Neufahrn |
| Dr. Jürgen Kälker | ARDEX GMBH<br>Friedrich-Ebert-Straße 45<br>58453 Witten-Annen |
| Hans A. Korfmacher | 3M Deutschland GmbH<br>Carl-Schurz-Straße 1<br>41453 Neuss |
| Hans A. Nachtsheim | TIVOLI Klebstoff GmbH<br>Reichsbahnstraße 99<br>22525 Hamburg |
| Dr. Peter Presche | Beiersdorf AG<br>Unnastraße 48<br>20245 Hamburg |
| Matthias Rhode | Henkel KGaA<br>Henkelstraße 67<br>40191 Düsseldorf |
| Mathias Rieder | Gurit-Essex (Deutschland) GmbH<br>Maybachstraße 33<br>51381 Leverkusen |
| Dr. Klaus Ruch | Henkel Teroson GmbH<br>Hans-Bunte-Straße 4<br>69123 Heidelberg |
| Helmut Schepp | Dekalin Deutsche Klebstoffwerke GmbH<br>Carl-Zeiss-Straße 6<br>63477 Maintal-Dörnigheim |
| Dr. Klaus Schneider | Forbo-Helmitin GmbH<br>Zweibrücker Straße 185<br>66954 Pirmasens |
| Winfried Stein | Fritz Häcker GmbH + Co.<br>Im Holzgarten 18<br>71665 Vaihingen |
| Armin Stocker | CIBA-GEIGY GmbH<br>Trottäckerstraße 26-28<br>79713 Bad Säckingen |

| | |
|---|---|
| Jan Szöts | GLUDAN (Deutschland) GmbH<br>Auf der Geest 6<br>21514 Büchen |
| Dr. Thomas Trübenbach | DELO Industrieklebstoffe<br>Ohmstraße 3<br>86899 Landsberg |
| Dr. Rainer Vogel | Henkel KGaA<br>Henkelstraße 67<br>40191 Düsseldorf |
| Klaus Ziegler | Henkel Teroson GmbH<br>Hans-Bunte-Straße 4<br>69123 Heidelberg |

**Beirat für Öffentlichkeitsarbeit**

| | |
|---|---|
| *Vorsitzender:*<br>Michael Kriesten | Jowat Lobers & Frank GmbH & Co KG<br>Wittekindstraße 19<br>32758 Detmold |
| Reinhard Balk | ARDEX GMBH<br>Friedrich-Ebert-Straße 45<br>58453 Witten-Annen |
| Rolf Blaas | Rohm and Haas Deutschland GmbH<br>In der Kron 4<br>60486 Frankfurt a. Main |
| Oliver Jüntgen | Henkel KGaA<br>Henkelstraße 67<br>40191 Düsseldorf |
| Erhard G. Mohr | Ato Findley Deutschland GmbH<br>Otto-Scheugenpflug-Straße 8<br>63073 Offenbach |
| Jan Szöts | GLUDAN Deutschland GmbH<br>Auf der Geest 6<br>21514 Büchen |
| Jelle Westerterp | VINAMUL B.V.<br>P. O. Box 250<br>NL-6190 AG Beek (LB) |

**Arbeitskreis Bauklebstoffe**

*Vorsitzender:*
Dr. Heinz Werner Utz

UZIN UTZ Aktiengesellschaft
Dieselstraße
89030 Ulm

**Arbeitskreis Klebstoffe für Haushalt, Hobby und Büro**

*Vorsitzender:*
Dieter A. Hechenberger

UHU GmbH
Herrmannstraße 7
77815 Bühl

**Arbeitskreis Holzklebstoffe**

*Vorsitzender:*
Michael Kriesten

Jowat Lobers & Frank GmbH & Co KG
Wittekindstraße 19
32758 Detmold

**Arbeitskreis Industrieklebstoffe**

*Vorsitzender:*
Dr. Jürgen Wegner

Henkel KGaA
Henkelstraße 67
40191 Düsseldorf

**Arbeitskreis Klebebänder**

*Vorsitzender:*
Peter Rambusch

certoplast Vorwerk & Sohn GmbH
Müngstener Straße 10
42285 Wuppertal

**Arbeitskreis Papier- und Verpackungsklebstoffe**

*Vorsitzender:*
Erhard G. Mohr

Ato Findley Deutschland GmbH
Otto-Scheugenpflug-Straße 8
63073 Offenbach

**Arbeitskreis Schuhklebstoffe**

*Vorsitzender:*
Dieter Henkel

TIVOLI Klebstoff GmbH
Reichsbahnstraße 99
225025 Hamburg

## Arbeitsgruppe Schaumklebstoffe

| | |
|---|---|
| *Sprecher:*<br>Gerhard Groß | Forbo-Helmitin GmbH<br>Zweibrücker Straße 185<br>66954 Pirmasens |

## Geschäftsführung

| | |
|---|---|
| Ansgar van Halteren | Hauptgeschäftsführer |
| Michaela Szkudlarek | Sekretariat / Buchhaltung |
| Klaus Winkels | Geschäftsführer<br>Referat „Recht“ |
| Dr. Axel Heßland | Referat „Technik & Umwelt“ |
| Sabine Pollmann | Sekretariat |
| Sabine Kriegel | Tagungen & Kongresse |
| Marlene Heupel | Mitgliederverwaltung |

## Ehrenmitglieder

| | |
|---|---|
| Dr. Johannes Dahs | Langenfeld |
| Wilhelm Eib | Pfullingen |
| Friederich Kaiser | Düsseldorf |
| Otto A. Stein | Pirmasens |
| Heinz Zoller | Pirmasens |

# Mitgliedschaft im Industrieverband

Ordentliches Mitglied des Industrieverbandes können handelsgerichtlich eingetragene Unternehmen werden, die ihren Sitz oder eine in das Handelsregister eingetragene Zweigniederlassung in der Bundesrepublik Deutschland haben und in der Bundesrepublik Deutschland Klebstoffe und/oder deren bindende Bestandteile und/oder chemische Produkte herstellen, die in unmittelbarem Zusammenhang mit einem Klebeverfahren angewendet werden. Die Erzeugnisse der genannten Art müssen zu einem wesentlichen Teil auf dem freien Markt vertrieben werden.

Außerordentliche Mitglieder des Verbandes können in der Bundesrepublik Deutschland handelsgerichtlich eingetragene Verkaufsniederlassungen ausländischer Unternehmen werden, die Produkte der oben beschriebenen Art herstellen. Die Verkaufsniederlassungen müssen überwiegend im Eigentum des Herstellers stehen.

## Aufnahmeantrag

Aufnahmeanträge, über die der Vorstand des Industrieverbandes entscheidet, können formlos bei der Geschäftsführung des Industrieverbandes gestellt werden. Die Mitgliedschaft kann halbjährlich bis zum 30.06. zum Ende eines Kalenderjahres gekündigt werden.

## Korporation mit dem Verband der Chemischen Industrie e.V.

Der Industrieverband ist korporatives Mitglied des Verbandes der Chemischen Industrie e.V. (VCI), Frankfurt. Das bedeutet u. a., daß eine ordentliche Mitgliedschaft im Industrieverband Klebstoffe die Mitglieder verpflichtet, neben dem zur Ermittlung der Höhe der Beitragszahlungen an den Industrieverband Klebstoffe zu meldenden Umsatz aus der Klebstoffproduktion ebenfalls alle anderen Umsätze aus sonstiger Chemieproduktion anzugeben und für diesen sonstigen Chemieumsatz Beitragszahlungen an den VCI zu leisten. Mit einer ordentlichen Mitgliedschaft im Industrieverband Klebstoffe e.V. werden gleichzeitig auch die Rechte eines ordentlichen Mitgliedes des VCI erworben. Wird darüber hinaus eine direkte Mitgliedschaft im VCI gewünscht, muß diese beim Verband der Chemischen Industrie gesondert beantragt werden.

Besteht bereits eine Mitgliedschaft im VCI und werden im Rahmen dieser Mitgliedschaft zur Beitragsermittlung auch Umsätze aus der Klebstoffproduktion gemeldet, so entstehen mit Eintritt in den Industrieverband Klebstoffe, mit Ausnahme eines geringen Beitrages für den „Sonderfonds für technische Aufgaben", keine weiteren finanziellen Verpflichtungen.

Der Industrieverband Klebstoffe entrichtet für alle seine Mitglieder einen Korporativbeitrag an den VCI und sichert seinen Mitgliedern dadurch den Zugang zu allen vom VCI an seine Mitgliedsverbände verteilten Informationen.

# Verband Europäischer Klebstoffindustrie (FEICA)

Seit nunmehr über 25 Jahren vertritt die FEICA – **F**édération **E**uropéenne des **I**ndustries de **C**olles et **A**dhésifs – die Interessen der europäischen Klebstoffindustrien, als Dachverband stellvertretend für 14 nationale Europäische Mitgliedsverbände. Das Sekretariat der FEICA operiert in Bürogemeinschaft und teilweiser Personalunion mit dem Industrieverband Klebstoffe e.V. mit Sitz in Düsseldorf.

Die der FEICA angeschlossenen nationalen Verbände repräsentieren insgesamt 472 Klebstoffhersteller, die zusammen in ihren Heimatmärkten Klebstoffe im Werte von etwa 4,8 Mrd. DM umsetzen. Das Gesamtvolumen dieser 14 Märkte wird nach einer von der FEICA durchgeführten Erhebung für das Jahr 1996 auf 6 Mrd. DM (ohne Dichtstoffe) geschätzt.

## Die Ziele der FEICA

In Zusammenarbeit mit seinen Mitgliedsverbänden nimmt die FEICA die gemeinsamen europäischen Interessen der Klebstoffindustrie wahr. Insbesondere obliegt ihr die Vertretung der Interessen ihrer Mitglieder gegenüber den Institutionen der Europäischen Union.

Die FEICA ist federführend für die Klebstoffindustrie in Fragen der Harmonisierung nationaler und europäischer Gesetzgebung sowie der Entwicklung europäischer Normen und Sicherheitsvorschriften.

Weiterhin hat die FEICA die Aufgabe, eine europäische Statistik der Klebstoffmärkte zu erstellen und Maßnahmen zu ergreifen, die der Imagepflege der Klebstoffindustrie dienen und der besonderen Bedeutung dieses Industriezweiges angemessene Geltung verschaffen.

## Die Gremien

Die **Mitgliederversammlung** der FEICA tritt jedes Jahr im Herbst zusammen. Jedes zweite Jahr wählt sie den Präsidenten sowie den 1. und 2. Vizepräsidenten.

Das **Präsidium** („Council"), bestehend aus den Präsidenten der Mitgliedsverbände, trifft sich 2–3 mal im Jahr und legt die Leitlinien der Politik fest. Die eigentliche Exekutive liegt beim **Vorstand** („Board of Directors"), zusammengesetzt aus dem Präsidenten, den beiden Vizepräsidenten sowie zwei weiteren vom Präsidium berufenen Mitgliedern. Das **Sekretariat** nimmt an allen Sitzungen des Präsidiums und des Vorstands beratend teil und ist für die Durchführung der dort gefaßten Beschlüsse verantwortlich.

Der gegenwärtig im Amt befindliche Vorstand wurde im September 1997 für zwei Jahre gewählt und setzt sich wie folgt zusammen:

## Vorstandsmitglieder

| | | |
|---|---|---|
| Miguel García Martín (E) | Präsident | Gymcol S.A. |
| Michael C. Ozier (UK) | 1. Vize-Präsident | National Starch & Chemical |
| Björn Bårström (S) | 2. Vizepräsident | Bostik AB |
| Robert J. Baruch (NL) | Mitglied des Vorstandes | SABA DINXPERLO BV |
| Dr. Jürgen Wegner (D) | Mitglied des Vorstandes | Henkel KGaA |

## FEICA Arbeitsgruppen

Ähnlich wie bei den nationalen Klebstoffverbänden werden für die Behandlung besonderer Aufgaben im Bereich der Gesetzgebung und Normung Arbeitsgruppen („Working Groups") gebildet. Die zur Zeit tätigen Arbeitsgruppen sind folgende:

| **Arbeitsgruppe:** | **Vorsitzender:** |
|---|---|
| Umwelt/Gefährliche Produkte | D. Waight (3M Europe) |
| Fertigpackung/Verpackung und Umwelt | Ch. Svensson (Akzo Nobel) |
| Schuhklebstoffe | Dr. D. Dausmann (Henkel KGaA) |
| Bauklebstoffe | Dr. H. Hauck |
| Papier und Verpackung | W. Zenker (H.B. Fuller) |
| Public Relations | Michael C. Ozier (National Starch) |

Ein weiteres Gremium ist der **„Advisory Council"** („Beirat"), der unter dem Vorsitz von Guido De Keersmaecker (Henkel KGaA) sicherstellt, daß die vielfältigen Möglichkeiten multinationaler Klebstoffhersteller, FEICA in seinen Bemühungen zu unterstützen, so weit wie möglich ausgeschöpft werden.

## Außenkontakte

Um auf schnellstmöglichem Wege Informationen über die Vorhaben und Erlässe der Europäischen Institutionen (Europäisches Parlament, Europäischer Rat, Europäische Kommission, Generaldirektorate) zu erhalten, unterhält die FEICA als Fördermitglied einen engen Kontakt zur **CEFIC** (Europäischer Chemieverband) und damit auch zu anderen europäischen Verbänden (z.B. CEPE). Im Rahmen der europäischen Normung kommt der Zusammenarbeit mit dem **CEN** (Comité Européen de Normalisation) besondere Bedeutung zu, insbesondere mit dessen „Technischem Committee" TC 193 „Klebstoffe", an dessen Sitzungen der Geschäftsführer der FEICA regelmäßig teilnimmt.

## Mitgliedsverbände der FEICA

| | | |
|---|---|---|
| A | Vereinigung der österreichischen Klebstoffindustrie<br>c/o Henkel Austria GmbH<br>Erdbergstraße 29<br>A-1031 Wien | Pres.: Mag. Peter Ruiner<br>Secr.: –<br>phone: +43-1-71104-510<br>fax: +43-1-71104-680<br>e-Mail: peter.ruiner@henkel.co.at |
| B | DETIC<br>Comité Professionnel BELCAM<br>Square Marie Louise 49<br>B-1000 Bruxelles | Pres.: Michel Herthoge<br>Secr.: Paulette Halleux<br>phone: +32-2-2389866<br>fax: +32-2-2308288<br>e-Mail: paulette.halleux@euronet.be |
| CH | Fachverband Klebstoffindustrie Schweiz<br>Löwenstraße 42<br>CH-8001 Zürich | Pres.: Dr. Martin Geistlich<br>Secr.: Dr. Andreas Coradi<br>phone: +41-1-2213655<br>fax: +41-1-2213678 |
| D | Industrieverband Klebstoffe e.V.<br>Ivo-Beucker-Straße 43<br>D-40237 Düsseldorf<br>P. O. Box 230169<br>D-40087 Düsseldorf | Pres.: Dr. Jürgen Wegner<br>Secr.: Ansgar van Halteren<br>phone: +49-211-67931-10<br>fax: +49-211-67931-88<br>e-Mail: ansgar.v.halteren@klebstoffe.com |
| DK | Brancheforeningen for Lim og Fugemasser<br>Danish Adhesives & Sealants Association<br>Norre Voldgade 48<br>DK-1358 Kobenhavn K | Pres.: Preben Andersen<br>Secr.: Vibeke Plambeck<br>phone: +45-33159222<br>fax: +45-33939322<br>e-Mail: vibeke_plambeck@fdlf.dk |
| E | A S E F C A<br>Asociación Española de Fabricantes de Colas y Adhesivos<br>Gran Via. 630-4°<br>E-08007 Barcelona | Pres.: Rafael Castellvi Enrich<br>Secr.: A. Soler Amor<br>phone: +34-93-4120167<br>fax: +34-93-4127124<br>e-Mail: granvia@intercom.es |
| F | Syndicat Français des Colles et Adhésifs<br>42 Avenue Marceau<br>F-75008 Paris | Pres.: Paul Fourneron<br>Secr.: Jean-Noël Simonot<br>phone: +33-1-53230000<br>fax: +33-1-47209030<br>e-Mail: fipec_dirtech@compuserve.com |
| FIN | Kemianteollisuus RY<br>Chemical Industry Federation<br>P. O. Box 4<br>Eteläranta 10<br>FIN-00131 Helsinki | Pres.: Erkki Solja<br>Secr.: Ville Kopra, Stina Kujala<br>phone: +358-9-17284317<br>fax: +358-9-630225<br>e-Mail: ville.kopra@kemia.ttliitot.fi |

| | | |
|---|---|---|
| GB | BASA<br>British Adhesives & Sealants Association<br>33, Fellowes Way<br>Stevenage<br>GB-Herts SG2 8BW | Pres.: Malcolm Smith<br>Secr.: David Williams<br>phone: +44-1438-358514<br>fax: +44-1438-742565 |
| I | AVISA<br>Associazione Nazionale Vernici Inchiostri Sigillanti e Adesivi<br>Via Accademia 33<br>I-20131 Milano | Pres.: Dr. Assuero Mancini<br>Secr.: Dr. Marco Surdi, Susy Tralongo<br>phone: +39-02-26810-257<br>fax: +39-02-26810-350 |
| N | Maling og Lakkfabrikkenes Forbund<br>Adhesive Group<br><br>P. O. Box 5487, Majorstuen<br>N-0305 Oslo | Chairm.: Helge Thorkildsen<br>Secr.: Trygve Østmo, Tove Rausand<br>phone: +47-23087800<br>fax: +47-23087899<br>e-Mail: trygve@pil.no<br>tove@pil.no |
| NL | Vereniging Nederlandse Lijmindustrie<br>P. B. 418<br>NL-2260 AK Leidschendam | Pres.: Theo Hochstenbach<br>Secr.: Jaap W. Adrian<br>phone: +31-70-3177243<br>fax: +31-70-3177412 |
| P | Associação da Indústria e Comércio de Colas e Similares<br>Avenida Guerra Junqueiro, 8, 2°-E<br>P-1000 Lisboa | Pres.: José Belmiro R. Ferreira<br>Gen. Secr.: A.M. Rodrigues Gonçalves<br>Samira Shamsudin<br>phone: +351-1-8494502<br>fax: +351-1-8494502 |
| S | Sveriges Limleverantörers Förening<br>Swedish Adhesives Suppliers Association<br>Klarabergsviadukten 90<br>S-10613 Stockholm | Pres.: Hilding Karlsson<br>Secr.: Christina Mattsson<br>Henrik Jansson<br>phone: +46-8-6988120<br>fax: +46-8-6988129<br>e-Mail: chma@ktf.se,<br>heja@ktf.se |

# Gemeinschaft Emissionskontrollierte Verlegewerkstoffe e.V. (GEV)

## EMICODE – Sicherheit vor Raumluftbelastungen

Das Thema „Sicherheit vor Raumluftbelastungen“ und die Forderungen kritischer Verbraucher, emissionsarme Produkte bereitzustellen, haben im Februar 1997 zur Gründung der Gemeinschaft Emissionskontrollierte Verlegewerkstoffe (GEV) und zur Einrichtung des Kennzeichnungssystems EMICODE geführt. Getragen wurde diese Initiative von den führenden Herstellern von Verlegewerkstoffen im Industrieverband Klebstoffe.

Zunächst entwickelte die deutsche Klebstoffindustrie Anfang der 90er Jahre gemeinsam mit den Bauberufsgenossenschaften den sog. GISCODE, um Verarbeiter in der Auswahl des Verlegewerkstoffes zu unterstützen. Hintergrund ist das Gefahrstoffrecht, das dem Handwerker den Einsatz des am wenigsten gefährdenden Produktes vorschreibt. GISCODE gibt dem Verarbeiter den schnellen Überblick über das arbeitsschutzrechtlich geeignete Produkt.

Dies trug zu einem erheblichen Rückzug lösemittelhaltiger Produkte in den vergangenen Jahren bei (siehe Abbildung).

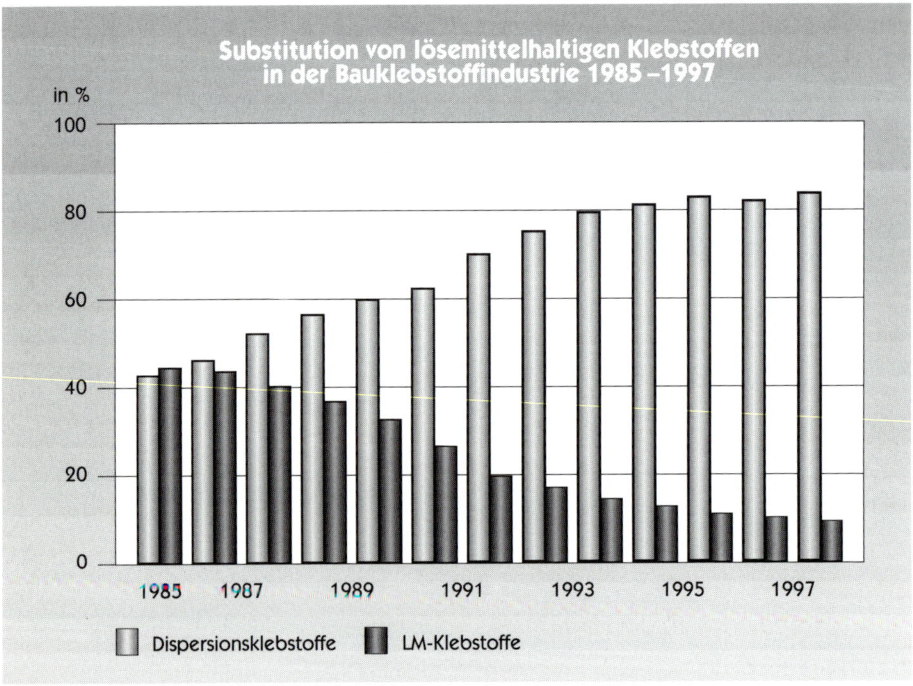

Parkett- und Fußbodenleger müssen sich heute nur noch in Ausnahmefällen, die durch eine branchenspezifische Technische Regel Gefahrstoffe (TRGS 610) beschrieben sind, hohen Konzentrationen flüchtiger Lösemittel aussetzen. Die Verwendung von Ersatzstoffen mit weit geringerem Gefährdungspotential ist die Regel geworden.

Durch die TRGS 610 nicht ausreichend erfaßt werden solche organische Verbindungen, die als „restflüchtige Bestandteile“ bezeichnet werden können. Es handelt sich dabei einerseits um technisch bedingte Verunreinigungen von Rohstoffen und andererseits um schwerflüchtige Verbindungen. Diese werden zwar nur in geringer Konzentration, dafür jedoch über längere Zeiträume, aus den Produkten an die Raumluft abgegeben.

Nach dem heutigen Stand in der Expertendiskussion um den Problemkreis der „Innenraumluft-Qualität“ und dem Verdacht, daß ein Zusammenwirken unterschiedlicher VOC-Emissionen bei empfindlichen Personen zu Befindlichkeitsstörungen führen könnte, ist die Reduzierung solcher restflüchtiger Bestandteile erstrebenswert.

Führende Hersteller von Verlegewerkstoffen haben deshalb eine neue Generation lösemittelfreier **und** sehr emissionsarmer Verlegewerkstoffe entwickelt, die aus raumlufthygienischer Sicht besonders empfehlenswert sind.

Um in der Vielzahl unterschiedlicher Meßverfahren Verarbeitern und Verbrauchern eine verläßliche Orientierung zu geben, wurde das wettbewerbsneutrale Prüf- und Kennzeichnungssystem EMICODE entwickelt. Durch EMICODE wurde nun die Möglichkeit geschaffen, Verlegewerkstoffe nach ihrem Emissionsverhalten vergleichend zu bewerten. Zugleich wurde ein starker Anreiz dafür gegeben, die Produkte ständig weiter zu verbessern.

Der Klasseneinteilung nach dem System EMICODE liegen eine exakt definierte Prüfkammeruntersuchung und anspruchsvolle Einstufungskriterien zugrunde. Klebstoffe, Spachtelmassen, Vorstriche und Untergründe, die mit dem GEV-Zeichen EMICODE EC 1 als *„sehr emissionsarm“* gekennzeichnet sind, bieten dabei die größtmögliche Sicherheit vor Raumbelastungen und Geruchsreklamationen.

Die Anforderungen werden dem Stand der Technik entsprechend weiter fortgeschrieben.

Diese freiwillige Initiative ist eine konsequente Fortführung der Bemühungen um den Gesundheitsschutz von Verarbeitern und Verbrauchern. EMICODE gibt ausschreibenden Stellen, Architekten, Planern, Handwerkern, Bauherren und Endverbrauchern eine transparente, wettbewerbsneutrale Orientierungshilfe bei der Auswahl „emissionsarmer“ Verlegewerkstoffe.

| | |
|---|---|
| Vorsitzender des Vorstands | Wolfgang F. Heck, Henkel Bautechnik GmbH |
| Vorsitzender des Technischen Beirats | Dr. Roland Krieger, UZIN UTZ AG |
| Geschäftsführer GEV | RA Klaus Winkels |

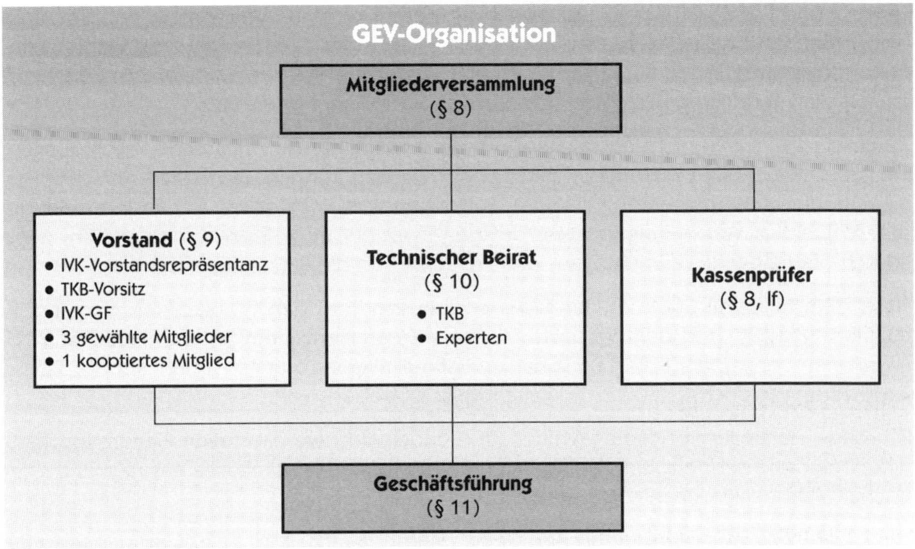


## Die Mitgliedsfirmen der GEV:

**Ordentliche Mitglieder:**

ARDEX GMBH, Friedrich-Ebert-Straße 45, 58453 Witten-Annen
Tel. 02302/664-0, Fax 664-300

Ato Findley Deutschland GmbH, Otto-Scheugenpflug-Straße 8, 63073 Offenbach
Tel. 069/89001-0, Fax 89001-100

Bona GmbH, Jahnstraße 12, 65549 Limburg
Tel. 06431/4008-0, Fax 4008-25

Bostik GmbH, An der Bundesstraße Nr. 16, 33829 Borgholzhausen
Tel. 05425/801-0, Fax 801-140

Ebnöther AG, Industriegebiet Rank, CH-6203 Sempach/Station, Schweiz
Tel. +41-41/4699111, Fax 4672246

Forbo Erfurt GmbH, Mittelhäuserstraße 65, 99087 Erfurt
Tel. 0361/730410, Fax 7304190

Henkel Bautechnik GmbH, Erkrather Straße 230, 40233 Düsseldorf
Tel. 0211/7379-0, Fax 7379-299

IBOLA GmbH, Münchener Straße 10, 85375 Neufahrn-Grüneck
Tel. 08165/400-1, Fax 3038

Kiesel Bauchemie GmbH u. Co. KG, Wolf-Hirth-Straße 2, 73730 Esslingen
Tel. 0711/93134-0, Fax 93134-140

SCHÖNOX GmbH, Alfred-Nobel-Straße 6, 48720 Rosendahl
Tel. 02547/910-0, Fax 910-101

TIVOLI Klebstoff GmbH, Reichsbahnstraße 99, 22525 Hamburg
Tel. 040/54002-0, Fax 54002-250

UZIN UTZ Aktiengesellschaft, Dieselstraße 3, 89079 Ulm
Tel. 0731/4097-0, Fax 4097-110

Wakol-Chemie GmbH, Bottenbacherstraße 30, 66954 Pirmasens
Tel. 06331/8001-0, Fax 8001-90

## Fördermitglieder:

BASF Aktiengesellschaft, 67056 Ludwigshafen
Tel. 0621/60-0, Fax 60-92333

Clariant GmbH, Division CP, 65926 Frankfurt a. Main
Tel. 069/305-5352, Fax 331297

ELOTEX AG, Industriestraße 17 A, CH-6203 Sempach-Station, Schweiz
Tel. +41-41/4696969, Fax 4696900

Rohm and Haas Deutschland GmbH, In der Kron 4, 60486 Frankfurt a. Main
Tel. 069/789960, Fax 7895356

Wacker-Chemie GmbH, Hanns-Seidel-Platz 4, 81737 München
Tel. 089/6279-01, Fax 6279-1770

**Gemeinschaft Emissionskontrollierte Verlegewerkstoffe e. V. (GEV)**
**Ivo-Beucker-Straße 43**
**40237 Düsseldorf**
**Telefon 0211/67931-12**
**Telefax 0211/67931-88**

# Firmenprofile

# Klebstoffhersteller

# Agomer GmbH

## Ein Unternehmen der Degussa

AGO-HK
Rodenbacher Chaussee 4
63457 Hanau
Telefon 06181/59-3058
Telefax 06181/59-2283
E-Mail ago-hk@degussa.de

## Das Unternehmen

**Gründungsjahr**
1996 Agomer GmbH
1873 Degussa AG

**Größe der Belegschaft**
ca. 700 Mitarbeiter

**Arbeitsgebiets-Leiter**
Dr. G. Kühl
Telefon 06181/59-2258

**Ansprechpartner Anwendungstechnik und Vertrieb**
Service-Telefon 06181/59-4536

**Vertriebswege**
Inland:
direkt von Hanau

Ausland:
Degussa-Niederlassungen

## Das Produktprogramm

**Klebstofftypen**
**Reaktionsklebstoffe:**
Methylmethacrylate
Epoxide
Polyurethane
Cyanacrylate

**Lösemittelhaltige Klebstoffe**

**Für Anwendungen im Bereich**
Baugewerbe
Fenster- und Türenindustrie
Elektrotechnik, Elektronik
Metall- und Kunststoffverarbeitung
Maschinen- und Apparatebau
Fahrzeug, Luftfahrtindustrie
Haushalt, Hobby und Büro

**Rohstoffe**
Methacrylat-Monomere
Vernetzer
Polymethacrylate

# Alberdingk Boley GmbH

Düsseldorfer Str. 53
47829 Krefeld

Telefon 02151/528-0
Telefax 02151/573643

## Das Unternehmen

**Gründungsjahr**
1828

**Größe der Belegschaft**
ca. 240 Mitarbeiter

**Ansprechpartner Geschäftsführung**
Ulf C. Becker
Leiter Verkauf und Marketing

**Anwendungstechnik und Vertrieb**
Wilhelm Weitzner
Leiter Anwendungstechnik Klebstoffe

**Tochterfirmen**
Thai Castor Oil Industries Co. Ltd., Bangkok, Thailand
Boley do Brasil Oleo de Mamona Ltda., Salvador-Bahia, Brasilien

## Das Produktprogramm

**Klebstofftypen**
Schmelzklebstoffe, Dispersionsklebstoffe
Haftklebstoffe, Klebebänder

**Für Anwendungen im Bereich**
Holz-/Möbelindustrie
Baugewerbe, inkl. Fußboden, Wand und Decke
Textilindustrie
Klebebänder, Etiketten

**Rohstoffe**
Polymere:
Polyurethan-Dispersionen
Acrylat-Dispersionen
Styrolacrylat-Dispersionen
Vinylacetatcopolymere und deren Kombinationen

# ARDEX GMBH

Friedrich-Ebert-Straße 45
58453 Witten

Telefon 02302/664-0
Telefax 02302/664-240

## Das Unternehmen

**Ansprechpartner**
**Geschäftsführung, Vertrieb**
Reinhard Balk

**Anwendungstechnik**
Herr Ortmann

**Tochterfirmen in**
England
Österreich
Dänemark
Frankreich
USA

**Vertriebswege**
ausschließlich über den Fachgroßhandel

## Das Produktprogramm

**Klebstofftypen**
Dispersionsklebstoffe:
Hersteller von zementären Fliesenklebstoffen

**Für Anwendungen im Bereich**
Baugewerbe, inkl. Fußboden, Wand und Decke

# Ashland Chemical
## Drew Ameroid Deutschland GmbH
## SP&A Division

Stenzelring 8
21107 Hamburg

Telefon 040/752465-0
Telefax 040/752465-12

## Das Unternehmen

Teil der Chemiesparte der Ashland Inc. (USA), Produktionsstätten für Klebstoffe in USA, Deutschland und England

**Ansprechpartner Geschäftsführung**
Bill Serfaty für Aktivitäten außerhalb der USA im Bereich Klebstoffe

**Anwendungstechnik und Vertrieb**
Vertrieb Deutschland:
Reinhold Riege
Telefon 04266/981058
Anwendungstechnik Deutschland:
Dr. Hartwig Lohse
Telefon 04822/95180
Verkaufsinnendienst Deutschland:
Uta Mandel
Telefon 040/752465-17

**Vertriebswege**
Industrie

## Das Produktprogramm

**Klebstofftypen**
Reaktionsklebstoffe (Cyanacrylate, MMA, 2K usw.)
lösemittelhaltige Klebstoffe
Dispersionsklebstoffe
Haftklebstoffe

**Für Anwendungen im Bereich**
Papier/Verpackung
Holz-/Möbelindustrie
Baugewerbe, inkl. Fußboden, Wand und Decke
Maschinen- und Apparatebau
Fahrzeug, Luftfahrtindustrie
Klebebänder, Etiketten

# ASTORplast

## Selbstklebeprodukte GmbH

Limesweg 19
D-73553 Alfdorf-Pfahlbronn

Telefon 07172/303-0
Telefax 07172/303-99
http://www.astorplast.de

## Das Unternehmen

**Gründungsjahr**
1962

**Größe der Belegschaft**
ca. 100 Mitarbeiter

**Gesellschafter**
ASTOR-Inter AG
Kurt Wabro

**Stammkapital**
3 Mio. DM

**Geschäftsführung**
Kurt Wabro

**Ansprechpartner**
Anwendungstechnik: Guido Gemünd
Vertrieb: Heinz Schmid

**Schwesterfirmen**
ASTORplast AG, CH-Einsiedeln
ASTORplast GmbH, A-Götzis

**Vertriebswege**
Industrie und technischer Handel

## Das Produktprogramm

**Klebstofftypen**
Klebebänder

**Für Anwendungen im Bereich**
Papier/Verpackung
Holz-Möbelindustrie
Baugewerbe, inkl. Fußboden, Wand und Decke
Maschinen- und Apparatebau
Fahrzeug, Luftfahrtindustrie
Textilindustrie
Klebebänder

# Ato Findley Deutschland GmbH

Otto-Scheugenpflug-Str. 8
63073 Offenbach/Main

Telefon 069/89001-0
Telefax 069/89001-100

## Das Unternehmen

**Gründungsjahr**
in der heutigen Struktur seit 1982

**Größe der Belegschaft**
135 Mitarbeiter
davon 16 Mitarbeiter in der Forschung

**Gesellschafter**
Ato Findley S. A., Paris

**Stammkapital**
2,1 Millionen DM

**Besitzverhältnisse**
Eigentum

**Geschäftsführung**
Erhard G. Mohr
Daniel Brulé

### Ansprechpartner

Verkaufsleitung Bau/Kleb- und Dichtstoffe:
Prokurist Egon Wohlfeld

Verkaufsleitung Bau/Bauabdichtung/
Sanierung:
Prokurist Louis MacDonald

Verkaufsleitung Industrie:
Prokurist Friedrich-Wilhelm Küster

Technik:
Dr. Peter Schellenbeck

### Vertriebswege

Vertriebsbereich Bau:
Fachhandel

Vertriebsbereich Industrie:
Direkt

## Das Produktprogramm

**Klebstofftypen**
Schmelzklebstoffe
Reaktionsklebstoffe
lösemittelhaltige Klebstoffe
Dispersionsklebstoffe
Polyurethanklebstoffe
Haftklebstoffe
Klebemörtel

**Für Anwendungen im Bereich**

**Papier/Verpackung**
Packmittelherstellung
Packmittelverschluß
Folienkaschierung
Coldseal-Beschichtung

**Holz-/Möbelindustrie**
Kantenverklebung
Profilummantelung
Kantenbeschichtung
Herstellung von Doppelböden
Holzleimbau
Fenster und Türen
Bauelemente

**Textilindustrie**
Kfz-Zulieferindustrie, Fahrzeugbau
Klebebänder, Etiketten
Hygienebereich

**Baugewerbe**
Abdichten, Kleben, Verfugen von keramischen und Natursteinbelägen
Verfugung von keramischen Belägen im chemikalien- und säurebelasteten Bereich
Verlegen von Bodenbelägen und Parkett
Kleb- und Dichtstoffe für Dach + Fassade

# BASF Aktiengesellschaft

EDD/K – H 201
67056 Ludwigshafen

## Das Unternehmen

**Gründungsjahr**
1865

**Größe der Belegschaft**
44 850 Mitarbeiter

**Gesellschafter**
AG

**Stammkapital**
3,11 Milliarden DM

**Tochterfirmen**
Vertretungen weltweit
Produktionsgesellschaften in USA, Südamerika, Australien, Japan, Südostasien

**Marketing Klebrohstoffe**
Leitung: Herr Füßl

**Anwendungstechnik und Vertrieb**

Vertrieb Deutschland
Herr Schwarz Tel. 069/63308-140
Fax 069/63308-172

Entwicklung
Herr Dr. Wistuba Tel. 0621/60-42919
Fax 0621/60-92333

Marketing Bauchemie
Herr Anders Tel. 0621/60-43054
Fax 0621/60-92777

Marketing Neue Klebstoffe
Herr Neumann Tel. 0621/60-42357
Fax 0621/60-92777

Marketing Haftklebstoffe
Herr Dr. Aydin Tel. 0621/60-42458
Fax 0621/60-99860

## Das Produktprogramm

**Rohstoffe**

**Hilfsmittel**
Verdicker
Entschäumer
Netzmittel
Emulgatoren

**Polymere**
Polyacrylsäureester (Dispersionen, Festharze, Pulver)
Styrol/Butadien-Dispersionen
Polyvinylether (Lösungen, Harze)
Polyurethane (Dispersionen)

# Bayer AG

## Das Unternehmen

**Gründungsjahr**
1863

**Größe der Belegschaft**
ca. 46 000 Mitarbeiter (Bayer AG)

**Geschäftsführung**
Geschäftsbereich Kautschuk,
Geschäftsfeld Klebstoff-Rohstoffe

**Ansprechpartner**
Leiter Marketing Klebstoff-Rohstoffe
(KA-M/KRS, Leverkusen):
Dr. G. Arend
Telefon 0214/3081200
Telefax 0214/308785

Leiter Forschung und Entwicklung
Klebstoff-Rohstoffe
(KA-F&E/KRS, Dormagen):
Dr. H. W. Lucas
Telefon 02133/5123981
Telefax 02133/5123321

## Das Produktprogramm

**Rohstoffe**

**Polymere:**
Polychloropren
Hydroxylpolyurethane
Polyisocyanate
Ethylen-Vinylacetat-Mischpolymerisate
Polyesterpolyole
Polyetherpolyole
Polychloropren-Dispersionen
Polyurethan-Dispersionen
Copolymerisate aus Isobutylen, Isopren und Divinylbenzol

**Additive:**
Alterungsschutzmittel

**Füllstoffe:**
Zinkoxyd aktiv®
Vulkasil®

# Beiersdorf AG
# tesa Industrie

Unnastr. 48
20253 Hamburg

Telefon 040/4909-0
Telefax 040/4909-3434

## Das Unternehmen

Geschäftsbereich Deutschland
Torsten Schermer

Kundenservice
Telefon 040/4909-3400
Telefax 0180/2343520

**Beiersdorf Ges. mbH**
Geschäftsbereich Österreich
Peter Kernmayer
Laxenburger Str. 151
A-1100 Wien
Telefon (01) 61400-338
Telefax (01) 61400-363

**Bandfix AG**
Geschäftsbereich Schweiz
Walter Huber
Industriestr. 19
CH-8962 Bergdietikon
Telefon (01) 7443111
Telefax (01) 7412672

## Das Produktprogramm

Selbstklebebänder

**Für Anwendungen im Bereich**

**Befestigungssysteme:**
konstruktives Befestigen
Permanentverklebungen
Klischeeverklebungen
Ansatzverklebung mit repulpierbaren und nicht repulpierbaren Klebebändern

**Verpacken:**
Aufreißstreifen
Bündeln
Palettensicherung
Innenverpackung
Kartonverschluß
Abroller/Geräte

**Abdecken:**
Isolieren
Malen
Lackieren
Schützen
Reparieren
Markieren

# Bona GmbH

Jahnstr. 12
65549 Limburg/Lahn

Telefon 06431/40080
Telefax 06431/400825

## Das Unternehmen

**Gründungsjahr**
1953

**Größe der Belegschaft**
80 Mitarbeiter

**Gesellschafter**
BonaKemi AB, Malmö

**Stammkapital**
1,5 Millionen DM

**Tochterfirmen/Niederlassungen**
OTN, Bergkamen
Bona München
Bona Bonn
Bona Stuttgart
Bona Limburg

**Geschäftsführung**
Klaus Schuth

**Vertriebswege**
Handwerk
Groß- und Einzelhandel

**Ansprechpartner**

Produktion und Technik:
Peter Schmidt

Anwendungstechnik:
Matthias Weber

Labor:
Dr. Thomas Brokamp

Vertrieb und Marketing:
Klaus-Peter Ahorner

## Das Produktprogramm

**Klebstofftypen für Parkett- und Holzböden**
Reaktionsklebstoffe
lösungsmittelhaltige Klebstoffe
Dispersionsklebstoffe
Spachtelmassen
Grundierungen (Werkzeuge, Maschinen)
wasserbasierte Lacke, Pflegemittel

**Für Anwendungen im Bereich**
Parkett- und Holzböden

# Bostik GmbH

An der Bundesstraße Nr. 16
33829 Borgholzhausen

Telefon 05425/801-0
Telefax 05425/801-140

## Das Unternehmen

**Gründungsjahr**
1903

**Größe der Belegschaft**
148 Mitarbeiter

**Gesellschafter**
TOTAL CHEMIE

**Tochterfirmen**
Bostik Holland/Belgien, Schweiz, Österreich, Polen, Ungarn

**Geschäftsführung**
Hans-Detlef Deike

**Ansprechpartner**
Anwendungstechnik: Jürgen Gehring
Vertrieb: Ulrich Springer

**Vertriebswege**
Industrie: direkt
Baugewerbe: Fachgroßhandel

## Das Produktprogramm

**Klebstofftypen**
Schmelzklebstoffe
Reaktionsklebstoffe
lösemittelhaltige Klebstoffe
Dispersionsklebstoffe
Haftklebstoffe

**Für Anwendungen im Bereich**
Papier/Verpackung
Holz-/Möbelindustrie
Baugewerbe, inkl. Fußboden, Wand und Decke
Maschinen- und Apparatebau
Hygienebereich

# Friedrich Branding GmbH & Co.

Eisenbahnlängsweg 162
31275 Lehrte

Telefon 05132/5008-0
Telefax 05132/5008-88

## Das Unternehmen

**EFBECOL-Klebstoff-Fabrik**

**Gründungsjahr**
1875

**Größe der Belegschaft**
30 Mitarbeiter

**Gesellschafter**
Familien-Unternehmen

**Tochterfirmen**
keine

**Geschäftsführung**
Irene Stein
Dipl.-Betriebswirt Ansgar Stein
Dipl.-Ing. Carsten Branding

**Anwendungstechnik und Vertrieb**
K.-D. Thies
Dirk Grawunder

**Vertriebswege:**
Martin Klebetechnik
D-74372 Sersheim
Zip Stick in GB–Herts
Brie Servitec
F–77760 La Chapelle la Reine

## Das Produktprogramm

**Klebstofftypen**
Schmelzklebstoffe
Dispersionsklebstoffe
Pflanzliche Klebstoffe, Dextrin- und Stärke-klebstoffe

**Für Anwendungen im Bereich**
Papier/Verpackung
Buchbinderei/Graphisches Gewerbe
Holz-/Möbelindustrie
Baugewerbe, inkl. Fußboden, Wand und Decke
Fahrzeug, Luftfahrtindustrie
Textilindustrie

# certoplast Vorwerk & Sohn GmbH

Müngstener Str. 10
42285 Wuppertal

Telefon 0202/25548-0
Telefax 0202/25548-48

## Das Unternehmen

**Gründungsjahr**
1991

**Größe der Belegschaft**
ca. 60 Mitarbeiter

**Gesellschafter**
Dipl.-Kfm Peter Rambusch
Vorwerk & Sohn GmbH & Co.KG

**Stammkapital**
1,5 Mio. DM

**Geschäftsführung**
Dipl.-Kfm. Peter Rambusch

**Ansprechpartner**

Verkaufsleitung:
Bernd Cleff

Leiter Forschung und Entwicklung:
Dipl.-Chem. Dr. Ralf Rönisch

## Das Produktprogramm

**Klebstofftypen**
Klebebänder

**Für Anwendungen im Bereich**
Papier/Verpackung
Baugewerbe inkl. Fußboden, Wand und Decke
Elektroindustrie
Maschinen- und Apparatebau
Fahrzeug
Haushalt, Hobby, Büro
Handwerk

# CHEMETALL GmbH

Trakehnerstr. 3
60487 Frankfurt

Telefon 069/7165-3607
Telefax 069/7165-3018

## Das Unternehmen

**Gründungsjahr**
1982

**Größe der Belegschaft**
2 700 Mitarbeiter

**Stammkapital**
50 Millionen DM

**Besitzverhältnisse**
GmbH

**Tochterfirmen**
ca. 40 im In- und Ausland

**Divisionsleitung**
Dr. Peter Hänel
Telefon 069/7165-3607

**Anwendungstechnik und Vertrieb**
Dr. Peter Hänel Telefon 069/7165-3607
Harald Schulz Telefon 069/7165-2889

**Vertriebswege**
Direktvertrieb mit technischer Beratung

Zertifiziert nach DIN EN ISO 9001,
QS 9000 und VDA 6.1

## Das Produktprogramm

### Klebstofftypen

**Reaktionsklebstoffe:**
1K-Klebe-, Dicht- und Beschichtungsstoffe auf Basis PUR-Acrylate bzw. Epoxid, Haftung mit Blaulicht, UV-Strahlung, Wärme bzw. Aktivator
2K-PUR und Polysulfid-Kleb-, Dicht- und Beschichtungsstoffe

**Für Anwendungen im Bereich**
Elektronik
Maschinen- und Apparatebau
Fahrzeug-, Luftfahrtindustrie
Medizintechnik
Glasindustrie
Umweltschutz

# CHEMITEC GmbH

Industriepark 23
D-56593 Horhausen

Telefon 02687/2090
Telefax 02687/2088

## Das Unternehmen

**Gründungsjahr**
1984

**Größe der Belegschaft**
5 Mitarbeiter

**Gesellschafter**
Dr. Roland Milker

**Stammkapital**
100 000 DM

**Besitzverhältnisse**
100 %

**Geschäftsführung**
Dr. Roland Milker

**Ansprechpartner**

Anwendungstechnik und Vertrieb
Dr. Rainer Serwas
Reimund F. Milker

**Vertriebswege**
Direktvertrieb zu Industriekunden

## Das Produktprogramm

**Klebstofftypen**
lösemittelhaltige Klebstoffe
Dispersionsklebstoffe
Haftklebstoffe

**Für Anwendungen im Bereich**
Papier/Verpackung
Baugewerbe inkl. Fußboden, Wand und Decke
Klebebänder, Etiketten

**Rohstoffe**

**Additive:**
Vernetzer, Härter, Weichmacher

**Harze:**
Harzdispersionen

**Polymere:**
Polyacrylate, Synthese-, Naturkautschuk, Polyvinyloctadecylcarbamat

# Ciba Spezialitätenchemie

Chemiestraße
69623 Lampertheim

## Division Performance Polymers

Telefon 06206/15-0
Telefax 06206/15-1368

## Das Unternehmen

**Gründungsjahr**
1997 (aus der ehemaligen Ciba Geigy AG hervorgegangen)

**Größe der Belegschaft**
21 000 Mitarbeiter

**Gesellschafter**
Aktiengesellschaft

**Ansprechpartner**

Vertrieb Deutschland
Harald Wiedemann
Telefon 06206/15-4450
Telefax 06206/15-4495

**Tochterfirmen**
Konzerngesellschaften weltweit

**Vertriebswege**
über technischen Außendienst und Vertriebspartner

**Weitere Informationen**
Ciba Spezialitätenchemie ist in der Entwicklung und Produktion von chemischen Spezialitäten weltweit tätig. Das Angebot umfaßt Produkte, die den Endprodukten Farbe verleihen, die Pflegeeigenschaften und das Aussehen von Kunststoffen sowie anderen Materialien verbessern, die in vielfältigen Industrie- und Konsumgütern wie Flugzeugen und Autos, Verpackungs- und Baumaterialien sowie in Haushaltgeräten und Sportartikeln verwendet werden.

## Das Produktprogramm

**Klebstofftypen**
Reaktionsklebstoffe

**Für Anwendungen im Bereich**
Baugewerbe, inkl. Fußboden, Wand und Decke
Elektronik
Maschinen- und Apparatebau
Fahrzeug, Luftfahrtindustrie
Haushalt, Hobby und Büro

**Rohstoffe**
Additive
Harze
Polymere

# Clariant GmbH

65926 Frankfurt am Main

Telefon 069/305-4383
Telefax 069/317140

## Das Unternehmen

### Geschäftsführung

Division Celluloseether/Polymerisate
- BU Dispersionen
- BU Polyvinylalkohol/Polyvinylbutyral
- BU Celluloseether/Dispersionspulver

### Anwendungstechnik

*Polymerisate*

F+E Polymerisate II
Dr. Hermann Schindler
Telefon 069/305-5278
Telefax 069/331297

*Celluloseether*

Techn. Marketing Celluloseether
Dr. Joseph Mondt
Telefon 0611/962-8287
Telefax 0611/962-9267

## Das Produktprogramm

- Kunststoffdispersionen, ®Mowilith
- Dispersionspulver, ®Mowilith
- Polyvinylalkohol, ®Mowiol
- Polyvinylbutyral, ®Mowital
- Celluloseether, ®Tylose
- Additive

# Cordes & Co. GmbH

Hausberger Straße 14
D-32457 Porta Westfalica

Telefon 0571/79855-0
Telefax 0571/79855-50

## Das Unternehmen

**Gründungsjahr**
1906

**Größe der Belegschaft**
ca. 55 Mitarbeiter

**Gesellschafter**
Henkel KGaA

**Geschäftsführung**
Dr. Rainer Vogel

**Ansprechpartner**

Technik
Dr. Klaus Friedrich

Verkauf
Werner Schaper

**Vertriebswege**
direkt und indirekt

## Das Produktprogramm

**Klebstofftypen**
Kunstharzdispersionen

**Für Anwendungen im Bereich**
papierverarbeitende Industrie
Tapetenindustrie

# Coroplast
# Fritz Müller GmbH & Co.KG

Wittener Str. 271
42279 Wuppertal

Telefon 0202/2681-0
Telefax 0202/2681-380

## Das Unternehmen

**Gründungsjahr**
1928

**Größe der Belegschaft**
1 400 Mitarbeiter

**Ansprechpartner**

Geschäftsführung:
Dr. K. Müller, N. Müller
F. Zappe

Vertrieb:
Marcus Söhngen

**Vertriebswege**
Großhandel und Industrie

## Das Produktprogramm

**Klebstofftypen**
Klebebänder

**Für Anwendungen im Bereich**
Papier/Verpackung
Holz- und Möbelindustrie
Baugewerbe, inkl. Fußboden, Wand und Decke
Elektronik
Maschinen- und Apparatebau
Fahrzeug-, Luftfahrtindustrie
Haushalt, Hobby und Büro

**Coroplast ist in drei Sparten tätig:**
- Technische Klebebänder
- Kabel, Leitungen und Kabelsätze
- Schläuche, Rohre, Profile aus Thermoplasten und Siliconkautschuk

**Besonderheit:**
Verzicht auf lösemittelhaltige Klebstoffsysteme

# CREANOVA Spezialchemie GmbH

Paul-Baumann-Straße 1
45764 Marl

Telefon 02365/49-02
Telefax 02365/49-5030

## Das Unternehmen

**Gründungsjahr**
1998

**Größe der Belegschaft**
4.600 Mitarbeiter

**Gesellschafter**
Hüls AG, Marl

## Das Produktprogramm

**Klebstofftypen**
Schmelzklebstoffe

**Für Anwendungen im Bereich**
Papier/Verpackung
Holz-/Möbelindustrie
Fahrzeug, Luftfahrtindustrie
Textilindustrie
Hygienebereich

**Rohstoffe**
Harze
Lösemittel
Polymere:
Copolyester
Copolyamide
Wachse
Amorphe Poly-$\alpha$-Olefine

# Croda Adhesives Europe nv

Hoogboomsteenweg 166
B-2950 Kapellen

Telefon 0130/822660
Telefax 0130/822670

## Das Unternehmen

**Gründungsjahr**
1949

**Größe der Belegschaft**
47 Mitarbeiter

**Gesellschafter**
CRODA International PLC, Goole, England

**Stammkapital**
200.000 DM

**Geschäftsführung**
G. Bergmans

**Ansprechpartner**

Vertriebsleitung:
Werner F. Read

**Vertriebswege**
Produzent und Vertrieb

## Das Produktprogramm

**Klebstofftypen**
Schmelzklebstoffe, Kaltsiegelklebstoffe
Reaktionsklebstoffe
Dispersionsklebstoffe
Pflanzliche Klebstoffe, Dextrin- und Stärke-klebstoffe
Glutinleime
Haftklebstoffe

**Für Anwendungen im Bereich**
Papier/Verpackung
Buchbinderei/Graphisches Gewerbe
Flexible Verpackungen
Klebebänder, Etiketten

# Datac Klebstoffe GmbH

Kruppstr. 2
D-31135 Hildesheim

Telefon 05121/510887
Telefax 05121/510886

## Das Unternehmen

**Gründungsjahr**
Oktober 1991

**Gesellschafter**
H. B. Fuller Company

**Tochterfirmen**
siehe unter H. B. Fuller GmbH

**Geschäftsführung**
Friedhelm Rühlemann

## Das Produktprogramm

**Klebstofftypen**
Schmelzklebstoffe
Reaktionsklebstoffe
Dispersionsklebstoffe
pflanzliche Klebstoffe, Dextrin-, Stärke- und Kaseinklebstoffe
Haftklebstoffe

**Für Anwendungen im Bereich**
Papier/Verpackung
Buchbinderei/Graphisches Gewerbe
Holz-/Möbelindustrie
Klebebänder, Etiketten
Hygienebereich
Zigarettenindustrie
Getränkeindustrie

# DEKALIN

## Deutsche Klebstoffwerke GmbH

Carl-Zeiss-Str. 6
63477 Maintal-Dörnigheim

Telefon 06181/4372-0
Telefax 06181/437222
E-mail Dekalin@t-online.de

## Das Unternehmen

**Gründungsjahr**
1995

**Größe der Belegschaft**
45 Mitarbeiter

**Gesellschafter**
Dutch Paint & Chemicals B.V.

**Stammkapital**
1 Millionen DM

**Tochterfirmen**
Plasticron GmbH

**Ansprechpartner**

Geschäftsführung
Alfred Füllmann

Vertrieb
Ton Korts
Marlies Sadenau

Anwendungstechnik
Thomas Rau

Qualitätssicherung
Gerd Schwarz

**Vertriebswege**
direkt

## Das Produktprogramm

**Klebstofftypen**
Lösemittelhaltige Klebstoffe
Dispersionsklebstoffe
pflanzliche Klebstoffe, Dextrin- und Stärkeklebstoffe
Reaktionsklebstoffe
Haftklebstoffe
Dichtungsmassen
Unterbodenschutzmaterialien
Antidröhnmassen

**Für Anwendungen im Bereich**
Fahrzeug-, Luftfahrtindustrie
Baugewerbe, inkl. Fußboden, Wand und Decke
Maschinen- und Apparatebau
Holz-/Möbelindustrie
Textilindustrie
Klebebänder, Etiketten
Kaschierung
Beflockung
Flaschenkapselherstellung

# DELO

## Industrieklebstoffe GmbH & Co. KG

Ohmstr. 3
86899 Landsberg

Telefon 08191/3204-0
Telefax 08191/320444

## Das Unternehmen

**Gründungsjahr**
1961

**Größe der Belegschaft**
70 Mitarbeiter

**Gesellschafter**
Dr.-Ing. Wolf-Dietrich Herold

**Geschäftsführung**
Dr.-Ing. Wolf-Dietrich Herold
Dipl.-Ing. Sabine Herold

**Ansprechpartner**

Anwendungstechnik:
Dipl.-Ing. Gudrun Weigel

Vertrieb:
Dipl.-Ing. Sabine Herold

**Vertriebswege**
Über eigenen Außendienst in Deutschland Vertriebspartner in Italien, Niederlande, Schweiz Frankreich, Österreich, Taiwan, Hong Kong, Ungarn, Slowakei, Spanien, England

## Das Produktprogramm

**Klebstofftypen**
Reaktionsklebstoffe:
1K- und 2K-Epoxidharze
anaerobe Klebstoffe
Cyanacrylate
Toughened Acrylics
Silikone
Polyurethane
UV-härtende, lichthärtende und lichtaktivierbare Epoxide/Acrylatklebstoffe

**Für Anwendungen im Bereich**
Mikroelektronik
Elektronik/Elektrotechnik
Medizintechnik
Maschinenbau/Feinmechanik
Metallverarbeitung
Kunststoffverarbeitung
Glasverarbeitung

**Weitere Produkte**
auf Klebstoffe abgestimmte Dosiergeräte, Bestrahlungssysteme und Zubehör sowie Reiniger und Vorbehandlungsverfahren

# Deutsche EXXON CHEMICAL GmbH

Neusser Landstr. 16
50735 Köln

Telefon 0221/770-31
Telefax 0221/770-3320

## Das Unternehmen

**Gründungsjahr**
1965

**Größe der Belegschaft**
320 Mitarbeiter

**Gesellschafter**
ESSO AG Hamburg

**Stammkapital**
10 Millionen DM

## Das Produktprogramm

### Rohstoffe

**Harze**
Kohlenwasserstoffharze

**Lösungsmittel**

**Polymere**
Ethylenvinylacetat (EVA)
Styrolblockcopolymere
Polybutene
Polyisobutylene
Butyl
Weichmacher

# Deutsche Shell Chemie GmbH

Kölner Str. 6
65760 Eschborn

Telefon 06196/474-0
Telefax 06196/474-502

## Das Unternehmen

**Gründungsjahr**
1959

**Größe der Belegschaft**
150 Mitarbeiter

**Gesellschafter**
Deutsche Shell AG, Hamburg

**Stammkapital**
5 Millionen DM

**Ansprechpartner**

Geschäftsführung
Dr. Karlheinz Berg, Helmut Wolff

Anwendungstechnik
Dr. Olaf Breuer (Polymere)
Bruno Halter (Lösemittel)

## Das Produktprogramm

**Rohstoffe**
Harze
Lösungsmittel
Polymere

# Adolf Diemer

## GmbH & Co. KG

Schmollerstr. 23
74523 Schwäbisch Hall

Telefon 0791/48228
Telefax 0791/47417

## Das Unternehmen

**Gründungsjahr**
1891

**Geschäftsführung**
Eva Wilhelm

**Vertriebswege**
Direktvertrieb
Handel

## Das Produktprogramm

**Klebstofftypen**
Pflanzliche Klebstoffe
Dextrin- und Stärkeklebstoffe
Kaseinklebstoffe
Haftklebstoffe
Dispersionsklebstoffe

**Für Anwendungen im Bereich**
Papier/Verpackung
Holz-/Möbelindustrie
Fahrzeugindustrie
Etikettierung/Glas-Kunststoff

# DORUS

## Klebetechnik GmbH & Co. KG

Kirchheimer Str. 7-9
D-73441 Bopfingen
Tel.: 07362/81-0
Fax: 07362/81-199

Rudolf-Breitscheid-Str. 41
D-01809 Heidenau
Telefon 03529/5602-0
Telefax 03529/5602-56

## Das Unternehmen

**Gründungsjahr**
1893

**Größe der Belegschaft**
ca. 270 Mitarbeiter

**Gesellschafter**
Henkel KGaA

**Geschäftsführung**
Peter Olbrück
Peter Detzner
Dr. Michael Rudolph

**Ansprechpartner**
Vertriebsleiter Manfred Busse

**Vertriebswege**
direkt und indirekt

## Das Produktprogramm

**Klebstofftypen**
EVA-Schmelzklebstoffe
Polyurethanschmelzklebstoffe
Polyolefinklebstoffe
Polyamidschmelzklebstoffe
Kunstharzdispersionen

**Für Anwendungen im Bereich**
Kantenanleimung
Profilummantelung
Postforming
3D-Ummantelung
Flächenkaschierung
Montageverleimung
Schaumstoffverklebung

# 3M
# Deutschland GmbH

Carl-Schurz-Straße 1
41453 Neuss

Telefon 02131/14-0
Telefax 02131/142649

## Das Unternehmen

**Gründungsjahr**
1951

**Größe der Belegschaft**
75 639 Mitarbeiter weltweit
rund 3000 Mitarbeiter in Deutschland

**Besitzverhältnisse**
100 %ige Tochter der 3M Company
St. Paul, USA

**Schwesterfirmen**
3M Laboratories Europe GmbH, Neuss

**Vertriebswege**
Fachhandel
Direktgeschäft

**Ansprechpartner**

Marketing Klebstoffe
Reinhard Förster, Tel. 02131/142921

Anwendungstechnik Klebstoffe
Lothar Müllenberg, Tel. 02131/142297

Marketing Klebebänder
Astrid Leben, Tel. 02131/143796

Anwendungstechnik Klebebänder
Dirk Breker, Tel. 02131/143245

## Das Produktprogramm

**Klebstofftypen**
Schmelzklebstoffe
Reaktionsklebstoffe
lösemittelhaltige Klebstoffe
Dispersionsklebstoffe
Klebebänder

**Für Anwendungen im Bereich**
Papier/Verpackung
Buchbinderei/Graphisches Gewerbe
Holz-/Möbelindustrie
Baugewerbe, inkl. Fußboden, Wand und Decke
Elektronik
Maschinen- und Apparatebau
Fahrzeug, Luftfahrtindustrie
Textilindustrie
Klebebänder, Etiketten
Hygienebereich
Haushalt, Hobby und Büro

# DOW Deutschland Inc.

Am Kronberger Hang 4
65824 Schwalbach

Telefon 06196/567-226
Telefax 06196/567-424

## Das Unternehmen

### Größe der Belegschaft
ca. 40 000 Mitarbeiter

### Gesellschafter
Dow Chemical, Midland Michigan

### Geschäftsführung
Vorstandsvorsitzender: Elmar Deutsch
Verkaufsdirektion: Jan Telford

### Ansprechpartner
Harald Weißinger

### Schwesterfirmen
Dow in Europa:
Dow Europe S.A., Horgen

### Vertriebswege
Vertretungen in allen wichtigen Ländern der Welt mit Verkaufsbüros und zum Teil Produktionsstätten

## Das Produktprogramm

### Rohstoffe

#### Harze
PU und EP, Latex, Methylcellulose

# DUNLOP TECH GmbH

Division Dunloplan
Birkenhainer Str. 77
63450 Hanau

Telefon 06181/684337
Telefax 06181/684396

## Das Unternehmen

**Gründungsjahr**
1893

**Belegschaft**
575 Mitarbeiter

**Geschäftsführung**
Ulrich Weinreuter
Jürgen Theobald

**Ansprechpartner**

Verkauf Inland
Daniel Oestreich

Verkauf Export
Gerhard Kröger

Technik
Dr. Otto Ludwig

## Das Produktprogramm

**Klebstofftypen**
Lösemittelklebstoffe
Dispersionsklebstoffe
Haftklebstoffe

**Für Anwendungen im Bereich**
Baugewerbe incl. Boden, Wand, Decke
Matratzenindustrie
Polstermöbelindustrie
Kaschierbetriebe
Automobil-Zulieferer
Reifenindustrie
Heizungs- und Klimaanlagenbau
Sportgeräte

# Dyckerhoff Sopro GmbH

Postfach 22 47
65012 Wiesbaden

Telefon 0611/676-0
Telefax 0611/676-1830

## Das Unternehmen

**Gründungsjahr**
1985

**Sitz der Gesellschaft**
Wiesbaden

**Tochterunternehmen in**
Polen, Frankreich, Spanien, Österreich

**Größe der Belegschaft**
180 Mitarbeiter

**Umsatz**
ca. 110 Mio. DM

**Geschäftsführung**
Heinrich Meier (Vorsitzender)
Michael Hecker
Andreas Wilbrand

**Ansprechpartner**
Anwendungstechnik: Rainer Reichelt
Objektberatung: Alexander Smala

**Zielgruppe**
Baustoff-Fachhandel
Fliesen-Fachhandel
Sanitär-Fachhandel
Fliesenleger
Estrichleger
Maler
Maurer
Installateure

**Vertriebswege**
Fliesen- und Baustoff-Fachhandel

## Das Produktprogramm

**Klebstofftypen**
Hydraulisch erhärtende Fliesenklebstoffe
Dispersionsklebstoffe für Fliesen
Reaktionsklebstoffe für Fliesen

**Weitere bauchemische Produkte bzw. Systeme**
Grundierungen
Spachtelmassen
Fugenmaterialien
Abdichtungssysteme
Renovierungs- und Sanierungssysteme
Schnellbauprodukte

# Elf Atochem

Elf Atochem
Deutschland GmbH
Tersteegenstr. 28
40474 Düsseldorf
Telefon 0211/4552-0
Telefax 0211/4552-112

## Das Unternehmen

**Größe der Belegschaft**
1934 Mitarbeiter

**Geschäftsführung**
Dr. Hubert G. Lutz

**Elf Atochem Deutschland GmbH**
**Niederlassung Bonn**
Siemensstr. 21, 53121 Bonn
Tel. 0228/523-0, Fax 0228/523403
Schmelzklebstoffe
Polymere für Schmelzklebstoffe

**Ansprechpartner für Schmelzklebstoffe**
Vertrieb
Herr Helm, Tel. 0228/523-279
Anwendungstechnik
Herr Reinarz, Tel. 0228/523-346

**Elf Atochem Leimtechnik GmbH**
**Niederlassung Leuna**
Am Haupttor, 06236 Leuna
Tel. 03461/434889, Fax 03461/434911
Reaktionsklebstoffe für die Holz-/Möbelindustrie

**Ansprechpartner für Leime**
Verkauf (Leuna, Tel. 03461/43-7046)
D. Brauch
Anwendungstechnik
(Leuna, Tel. 03461/433219):
J. Barse, C. Hartwig, G. Gräfe

**Vertriebswege**
Direktverkauf an Weiterverarbeiter

## Das Produktprogramm

**Klebstofftypen**
Schmelzklebstoffe
Reaktionsklebstoffe

**Für Anwendungen im Bereich**
Holz-/Möbelindustrie
Fahrzeug, Luftfahrtindustrie
Textilindustrie
Hygienebereich

**Rohstoffe**
**Polymere für Schmelzklebstoffe (Niederlassung Bonn):**
Polyamid
Polyester
Polyethylen
Polyurethan
Ethylen-Vinylacetat-Copolymere (EVA)

**Harze (Niederlassung Leuna):**
Leime auf Harnstoff-Formaldehyd-Basis zur Herstellung von Spanplatten, mitteldichten Faserplatten (MDF), Tischlerplatten

Spezialleime für Sperrholz und Spanplatten, die extremen Belastungen ausgesetzt sind

Tränkharze mit niedrigem Formaldehydanteil zur Herstellung von Dekorpapieren

**Weitere Produkte (Niederlassung Leuna)**
Formaldehyd und Melamin

# EniChem (Deutschland)

## Chemie Handelsgesellschaft mbH

Kölner Straße 3a
65760 Eschborn
Postfach 52 62
D-65727 Eschborn
Telefon 06196/492-0
Telefax 06196/492218

## Das Unternehmen

**Gründungsjahr**
1983 bzw. 1990

**Größe der Belegschaft**
ca. 60 Mitarbeiter

**Gesellschafter**
EniChem, Italien

**Stammkapital**
600 000 DM

**Besitzverhältnisse**
EniChem, Italien

**Geschäftsführung**
Dipl. Ing. Chr. Duve

**Vertrieb**

Elastomere:
F. Spengler
H. Harnisch

Lösungsmittel:
K. Wietfeldt

**Vertriebswege**
über Verkaufsbüros in Ratingen und Leipzig

## Das Produktprogramm

**Rohstoffe**
Elastomere
Lösungsmittel

**Rohstoffe für**
Schmelzklebstoffe
lösemittelhaltige Klebstoffe
Dispersionsklebstoffe
Haftklebstoffe

**Für Anwendungen im Bereich**
Papier/Verpackung
Buchbinderei/Graphisches Gewerbe
Holz-/Möbelindustrie
Baugewerbe, inkl. Fußboden, Wand und Decke
Fahrzeug, Luftfahrtindustrie
Textilindustrie
Klebebänder, Etiketten
Hygienebereich
Haushalt, Hobby und Büro

# EUKALIN

## Spezial Klebstoff Fabrik GmbH

Ernst-Abbé-Straße 10
52249 Eschweiler

Telefon 02403/64500
Telefax 02403/645026

## Das Unternehmen

**Gründungsjahr**
1904

**Größe der Belegschaft**
45 Mitarbeiter

**Gesellschafter**
100 % im Familienbesitz

**Ansprechpartner**

Geschäftsführung
Dr. Joachim Schulz

Anwendungstechnik
Herr Avemann

**Vertriebswege**
Direktvertrieb durch Außendienst

## Das Produktprogramm

**Klebstofftypen**
Schmelzklebstoffe
Dispersionsklebstoffe
Pflanzliche Klebstoffe, Dextrin- und Stärkeklebstoffe
Haftklebstoffe

**Für Anwendungen im Bereich**
Papier/Verpackung
Buchbinderei/Graphisches Gewerbe
Textilindustrie
Klebebänder, Etiketten

# Forbo Erfurt GmbH

Mittelhäuser Straße 65
99087 Erfurt

Telefon 0361/73041-0
Telefax 0361/73041-91

## Das Unternehmen

**Gründungsjahr**
1919/1920

**Größe der Belegschaft**
90 Mitarbeiter

**Gesellschafter**
Forbo Beteiligungen GmbH
79761 Waldshut-Tiengen

**Stammkapital**
4.000.000 DM

**Besitzverhältnisse**
Gesellschafter 100 %

**Geschäftsführung**
Herr Dietmar Wiegand
Verkaufsleitung:
Herr Rüdiger Beez

**Anwendungstechnik**

Leiter der Anwendungstechnik
Herr Michael Illing

Anwendungstechnik
Herr Klaus Reinhardt
Dr. Uwe Hong
Herr Steffen Schmiedel

**Vertriebswege**
Direktvertrieb
Handel für Bodenbeläge und Zubehör
Fliesenhandel

## Das Produktprogramm

**Klebstofftypen**
Schmelzklebstoffe
Reaktionsklebstoffe
lösemittelhaltige Klebstoffe
Dispersionsklebstoffe
Lacke, Pflege- und Reinigungsmittel für Parkett- und Korkböden

**Für Anwendungen im Bereich**
Baugewerbe, inkl. Fußboden, Wand und Decke

# Forbo-Helmitin GmbH

Zweibrücker Straße 185
66954 Pirmasens

Telefon 06331/528-0
Telefax 06331/528-201

## Das Unternehmen

**Gründungsjahr**
1919 in Erfurt

**Größe der Belegschaft**
400 Mitarbeiter in Pirmasens

**Gesellschafter**
Forbo Beteiligungen GmbH

**Geschäftsführung**

Vorsitzender der Geschäftsführung
Bereich Kunststoffe:
Dipl.-Ing. (FH) Karl Nohr

Vorsitzender der Geschäftsführung
Bereich Chemie:
Gerhard Groß

Geschäftsführer
Bereich Technik – Chemie:
Dr. W. Hodek

Geschäftsführer
Bereich Finanzen:
Peter Kraft

Prokurist
Einkauf:
Heinz Fiedler

## Das Produktprogramm

**Klebstofftypen**
Schmelzklebstoffe
Reaktionsklebstoffe
lösemittelhaltige Klebstoffe
Dispersionsklebstoffe
Haftklebstoffe

**Für Anwendungen im Bereich**
Holz-/Möbelindustrie
Baugewerbe, inkl. Fußboden, Wand und Decke
Elektronik
Maschinen- und Apparatebau
Fahrzeug, Luftfahrtindustrie
Textilindustrie
Haushalt, Hobby und Büro

**Weitere Produkte**

Dichtstoffe:
Bau, Sanitärbereich, Fahrzeug-, Waggon-, Boot- und Containerbau, Stahlbau, Lüftungs- und Klimatechnik

PVC-Profile:
Innenausbau, Sonderprofile für Industrie und Handwerk

Kunststoff-Fenster-Systeme

# Forbo
# Uli-Chemie GmbH

Industriestrasse 12
36277 Schenklengsfeld

Telefon 06629/9213-0
Telefax 06629/9213-30

## Das Unternehmen

**Gründungsjahr**
1945

**Größe der Belegschaft**
13 Mitarbeiter

**Gesellschafter**
Forbo-Beteiligungen, Waldshut-Tiengen

**Stammkapital**
200 000 DM

**Geschäftsführung**
Vorsitz:
Gerhard Grösch (GM)
Horst Schul

**Ansprechpartner**

Anwendungstechnik
Horst Schul

Vertrieb
Gerhard Grösch

**Vertriebswege**
weltweit

## Das Produktprogramm

**Klebstofftypen**
Schmelzklebstoffe
lösemittelhaltige Klebstoffe
Dispersionsklebstoffe
Haftklebstoffe

**Für Anwendungen im Bereich**
Papier- und PE-Tragetaschen
Papier- und PE-Säcke
Faltschachtelindustrie
Wellpappindustrie
Verpackungen aller Art
Ab- u. Verpackung
Beflockungsindustrie

# forestali GmbH

Kurpfalzstr. 4
66981 Münchweiler/Rod.

Telefon 06395/9214-0
Telefax 06395/9214-30
E-mail ATLAS AGO@t-online.de

## Das Unternehmen

**Gründungsjahr**
1991

**Größe der Belegschaft**
11 Mitarbeiter

**Gesellschafter**
Forestali s.r.l. Marcallo von Casone, Italien

**Stammkapital**
50 000 DM

**Ansprechpartner**

Geschäftsführer:
Dipl.-Ing. Hans Grieve

Verkaufsleitung:
Ralf Stegner

**Tochterfirmen**
in Moskau z. Zt. in Gründung

**Vertriebswege**
weltweit

Lager in:
Dänemark
Großbritannien
GUS (Moskau)
Indien
Polen
Portugal
Schweiz
Spanien
Tschechien

## Das Produktprogramm

**Klebstofftypen**
Schmelzklebstoffe
lösemittelhaltige Klebstoffe
Dispersionsklebstoffe
Haftklebstoffe
Vernetzer
Halogniermittel
Lösungsmittel

**Für Anwendungen im Bereich**
Textilindustrie
Schuhindustrie

**Weitere Informationen**
Die Klebstoffe werden unter der Marke ATLAS AGO vermarktet. „ATLAS AGO" wird 1998 80 Jahre alt, früher Degussa. Komplettes Klebstoffprogramm für die Schuhindustrie. Seit 24.2.1997 ist die italienische Mutterfirma, die auch die Produktion der Produkte ausführt, nach ISO 9001 zertifiziert.

# H. B. Fuller GmbH

An der Roten Bleiche 2-3
21335 Lüneburg

Telefon 04131/705-0
Telefax 04131/705-227

## Das Unternehmen

**Gründungsjahr**
1858

**Größe der Belegschaft**
300 Mitarbeiter in Lüneburg
250 Mitarbeiter in Nienburg
25 Mitarbeiter in München

**Gesellschafter**
H.B. Fuller Company, Saint Paul, Minnesota
Produktionsstätten/Niederlassungen in 35 Ländern mit weltweit ca. 6000 Mitarbeitern

**Stammkapital**
19,18 Millionen DM

**Tochterfirmen**
H.B. Fuller GmbH, München
H.B. Fuller France SARL, Le Trait (F)

**Geschäftsführung**
Armin Preuß, Dr. F.P. Schmitz

H.B. Fuller GmbH An der Roten Bleiche 2-3
21335 Lüneburg

**Anwendungstechnik**

| | |
|---|---|
| Lüneburg: | Wachse |
| Klebstoffe für | flexible Verpackung<br>Papier/Verpackung<br>inkl. graphische Industrie<br>Zigarettenindustrie<br>Hygienebereich |
| Nienburg: | Holz-Klebstoffe |
| München: | Automobilindustrie<br>Technicoll<br>Schuh-Klebstoffe |

**Vertriebswege**
direkt bzw. Vertretungsfirmen

## Das Produktprogramm

**Klebstofftypen**
Schmelzklebstoffe
Reaktionsklebstoffe
lösemittelhaltige Klebstoffe
Dispersionsklebstoffe
pflanzliche Klebstoffe, Dextrin- und Stärkeklebstoffe
Glutinleime
Haftklebstoffe

**Für Anwendungen im Bereich**
Papier/Verpackung
Buchbinderei/Graphisches Gewerbe
Holz-/Möbelindustrie
Baugewerbe, inkl. Fußboden, Wand und Decke
Elektronik
Fahrzeug, Luftfahrtindustrie
Textilindustrie
Klebebänder, Etiketten
Hygienebereich
Schuhindustrie

**Weitere Produkte**
Wachse
Beschichtungsmittel
Dichtungsmassen
Farben
Reinigungschemikalien
chemische Spezialprodukte

# GLUDAN (Deutschland) GmbH

Auf der Geest 6
21514 Büchen

Telefon 04155/2027
Telefax 04155/3841

## Das Unternehmen

**Gründungsjahr**
1989

**Größe der Belegschaft**
7 Mitarbeiter

**Gesellschafter**
Tochterfirma von GLUDAN A/S – Dänemark

**Stammkapital**
350.000 DM

**Besitzverhältnisse**
Inhaber:
László Szöts

**Geschäftsführung**
Jan Szöts

**Anwendungstechnik**
Jan Szöts
Jørgen Tornquist

**Vertriebswege**
EU: Direkt über eigenen Außendienst

## Das Produktprogramm

**Klebstofftypen**
Dispersionsklebstoffe
Haftklebstoffe
Schmelzklebstoffe

**Für Anwendungen im Bereich**
Papier/Verpackung
Buchbinderei/Graphisches Gewerbe
Baugewerbe, inkl. Fußboden, Wand und Decke
Hygienebereich
Haushalt, Hobby und Büro

**Service**
Leimkurse

# Gurit-Essex

Gurit-Essex AG
Wolleraustr. 15-17
CH–8807 Freienbach

Tel. 0041/55/4168111
Fax 0041/55/4168220

Gurit-Essex
(Deutschland) GmbH
Am Güterbahnhof
35683 Dillenburg
Tel. 02771/87140
Fax 02771/871470

## Das Unternehmen

**Gründungsjahr**
1970 Gurit-Essex AG, Schweiz

**Größe der Belegschaft**
etwa 600 Mitarbeiter

**Gesellschafter**
Essex Specialty Products Inc., Auburn Hills
Michigan (USA)
Gurit-Heberlein AG,
Wattwil (CH)

**Besitzverhältnisse**
50/50

**Tochterfirmen**
Gurit-Essex (Deutschland) GmbH
Gurit-Essex (UK) Ltd.
Gurit-Essex (France) S.a.r.L.
Gurit-Essex (Espana) S.A.
Gurit-Essex (Italia) s.r.l.

**Geschäftsführung:**
Gurit-Essex AG, Schweiz
CEO: Dr. Paul Hälg

Gurit-Essex (Deutschland) GmbH
Geschäftsführer:
Willi Jantschik

**Vertriebswege:**
über Tochtergesellschaften (s.o.)

## Das Produktprogramm

**Klebstofftypen**
Schmelzklebstoffe
Reaktionsklebstoffe
Haftklebstoffe

**Für Anwendungen im Bereich**
Automobilindustrie, Nutzfahrzeuge,
Schienenfahrzeuge

**Weitere Produkte**
Materialien zum Kleben, Dichten und Verstärken im Fahrzeugbau:
Verkleben von Autoscheiben, Karosseriekleben, Spoilerkleben, Nahtabdichtung, Unterbodenschutz, Karosserieversteifung

# Fritz Häcker GmbH + Co.

Im Holzgarten 18
71665 Vaihingen/Enz

Telefon 07042/9462-0
Telefax 07042/98905

## Das Unternehmen

**Gründungsjahr**
1885

**Größe der Belegschaft**
74 Mitarbeiter

**Geschäftsführung**
Christoph R. Engelbrecht

**Ansprechpartner**

Anwendungstechnik
Winfried Stein/Jörg Pfitzenmaier

Verkauf
Werner Hahn (techn. Gelatine)
Thomas Kossack (Plakal-Verkaufsleitung)
Jörg Pfitzenmaier (Plakal-D, A, CH)

## Das Produktprogramm

**Klebstofftypen**
Glutinleime (Technische Gelatine)
modifizierte Glutinleime (PLAKAL)

**Für Anwendungen im Bereich**
Papier/Verpackung
Buchbinderei/Graphisches Gewerbe
Holz-/Möbelindustrie
Klebebänder
Aquarellpapier
Zündhölzer
Schleifmittel

# Henkel Bautechnik GmbH

Erkrather Straße 230
D-40233 Düsseldorf

Telefon 0211/7379-0
Telefax 0211/7379-299

## Das Unternehmen

**Gründungsjahr**
1989

**Größe der Belegschaft**
ca. 280 Mitarbeiter

**Gesellschafter**
Henkel Klebstoff GmbH

**Geschäftsführung**
Uwe Drews

**Ansprechpartner**
Jürgen Wagner (Ceresit, Teroson)
Wolfgang F. Heck (Thomsit)

## Das Produktprogramm

**Klebstofftypen**
Epoxid-Kleber
zementgebundene Kleber
Kunstharzkleber
Adhäsiv Kaltklebstoffe
Polyurethanklebstoffe
Kontaktklebstoffe
Fußbodenklebstoffe
Ausgleichsmassen
Verlegeunterlagen
Zubehör

**Für Anwendungen im Bereich**
Fliesen- und Natursteinverlegung
Verklebung von Dämmstoffen im Flachdachbereich
Verklebung von Folien und Dichtungs-Bahnen
Fußbodentechnik

# Henkel KGaA

Henkelstraße 67
40191 Düsseldorf

Telefon 0211/797-0
Telefax 0211/798-4008
Internet www.henkel.de

## Das Unternehmen

### Gründungsjahr
1876

### Größe der Belegschaft
ca. 54 000 Mitarbeiter

### Ansprechpartner
Konsumenten- und Handwerkerklebstoffe
Telefon 0211/797-0
Telefax 0211/798-2006

Industrie- und Verpackungsklebstoffe
Telefon 0211/797-0
Telefax 0211/798-2358

Konstruktionsklebstoffe
Telefon 089/9268-0
Telefax 089/9101978

**Tochterfirmen**
über 330 konsolidierte Firmen in mehr als 60 Ländern

**Cordes & Co. GmbH** (siehe auch Seite 82)
Hausberger Str. 14
D-32457 Porta Westfalica

**DORUS Klebetechnik GmbH & Co. KG**
(siehe auch Seite 93)
Kirchheimer Str. 7-9
D-73441 Bopfingen

**Henkel Bautechnik GmbH** (siehe auch Seite 111)
Erkrather Str. 230
D-40233 Düsseldorf

**Henkel Teroson GmbH** (siehe auch Seite 114)
Hans-Bunte Str. 4
D-69123 Heidelberg

**Loctite Deutschland GmbH**
(siehe auch Seite 132)
Arabellastr. 17
81925 München

**Sichel-Werke GmbH** (siehe auch Seite 165)
Sichelstr. 1
D-30453 Hannover

## Das Produktprogramm

### Konsumenten- und Handwerkerklebstoffe
Tapetenkleister
Decken-, Wandbelags- und Fliesenkleber
Renovierungsprodukte
Fugendichtungsmassen
Polyurethanschäume
Sekundenkleber
Kontaktkleber
Holzleime
PVC-Rohrkleber
Verlegewerkstoffe
bauchemische Hilfsmittel
Beschichtungen
Klebestifte
Kleberoller
Korrekturprodukte

### Industrie- und Verpackungsklebstoffe
Verpackungs- und Etikettierklebstoffe
Buchbindereiklebstoffe
Papierverarbeitungsklebstoffe
Folienverbundklebstoffe
Holzklebstoffe
Nonwoven-Klebstoffe
Zigarettenklebstoffe
Schuhklebstoffe
Lederfaserstoffe

### Konstruktionsklebstoffe
Industrielle Reaktionsklebstoffe
Hochleistungsdichtstoffe
Abdichtungssysteme
Strukturklebstoffe
Gummi-Metall-Bindemittel

# Henkel Teroson GmbH

Hans-Bunte-Str. 4
69123 Heidelberg

Telefon 06221/704-0
Telefax 06221/704-583

## Das Unternehmen

**Gründungsjahr**
1898

**Größe der Belegschaft**
ca. 750 Mitarbeiter

**Gesellschafter**
Henkel KGaA

**Geschäftsführung**
Eberhard Buse
Wolfgang Siebeck

**Ansprechpartner**

Vertrieb Allgemeine Industrie (ALS)
Thomas Stein

Vertrieb Auto-Industrie (STA)
Willi Stahl

Vertrieb Kfz-Reparatur (ALA)
Joachim Helck

**Vertriebswege**
direkt und indirekt

## Das Produktprogramm

**Klebstofftypen**
lösemittelhaltige Klebstoffe
Dispersionsklebstoffe
Haftklebstoffe
Schmelzklebstoffe
Reaktionsklebstoffe
elastische Klebstoffe

**Für Anwendungen im Bereich**
Autoindustrie
Bauelemente
Caravan
Eisenbahn
Elektroindustrie
Fahrzeugaufbauten
Fassadensysteme
Fenster- und Türenherstellung
Filter
Hausgeräte
Isoliertechnik
Kfz-Werkstätten
Klima-/Lüftungstechnik
Maschinen-, Apparate- und Anlagenbau
Schiffbau

**Weitere Produkte**
Plastische Dichtstoffe
Elastische Dichtstoffe
Dichtbänder
Dichtschnüre
Akustische Beschichtungen
Multifunktionale Beschichtungen

# Herberts GmbH

Christbusch 25
42285 Wuppertal

Telefon 0202/529-0
Telefax 0202/529-2915

## Das Unternehmen

**Gründungsjahr**
1866

**Größe der Belegschaft**
per 31.12.1997:
7 538 Mitarbeiter weltweit

**Besitzverhältnisse**
100 %ige Hoechst-Tochter

**Tochterfirmen**
58 Gesellschaften in Deutschland, Europa und Übersee

**Anwendungstechnik und Vertrieb**
Hans-Jürgen Haarmann
Abteilung 133 ISK

## Das Produktprogramm

**Klebstofftypen**
Schmelzklebstoffe
Reaktionsklebstoffe
lösemittelhaltige Klebstoffe
Dispersionsklebstoffe

**Für Anwendungen im Bereich**
Papier/Verpackung
Fahrzeug

**Weitere Produkte**
Autoserienlacke
Autoreparaturlacke
Industrielacke
Pulverlacke

# Hercules International Limited

Veraartlaan 8
2288 GM Rijswijk
The Netherlands

Telefon +31 70 4134347
Telefax +31 70 3989219

## Das Unternehmen

**Gründungsjahr**
1912

**Größe der Belegschaft**
weltweit ca. 8 000 Mitarbeiter

**Gesellschafter**
Hercules Incorporated

**Geschäftsführung**
Hercules International Limited
Resins Division
8 Veraartlaan
2288 GM Rijswijk
The Netherlands
Tel.: +31 70 4134347
Fax: +31 70 3989219

**Ansprechpartner**
Keyser & Mackay
Ringstraße 46
50996 Köln (Rodenkirchen)
Germany
Tel.: +49 221 392044/45
Fax: +49 221 395839

**Vertriebswege**
Erfolgt über lokale Händlerorganisationen oder durch Hercules International Limited

## Das Produktprogramm

**Rohstoffe**
Kohlenwasserstoffharze
Kolophoniumderivate
Harzdispersionen

**Rohstoffe für**
Schmelzklebstoffe
lösemittelhaltige Klebstoffe
Dispersionsklebstoffe
Haftklebstoffe

**Für Anwendungen im Bereich**
Papier/Verpackung
Buchbinderei/Graphisches Gewerbe
Holz-/Möbelindustrie
Baugewerbe, inkl. Fußboden, Wand und Decke
Textilindustrie
Klebebänder, Etiketten
Hygienebereich
Haushalt, Hobby und Büro

# IBOLA GmbH
# Klebstoffe

Münchener Straße 10
85375 Neufahrn-Grüneck

Telefon 08165/9580-3
Telefax 08165/3038

## Das Unternehmen

**Geschäftsführung**
Walter Wenzel
Jean-Luc Mendler
Claude Mendler

**Ansprechpartner**

Anwendungsechnik
Alfred Huf
Georg Waldinger

Vertrieb
Petra Fuchs

**Vertriebswege**
Großhändler
Objekteure

## Das Produktprogramm

**Klebstofftypen**
lösemittelhaltige Klebstoffe
Dispersionsklebstoffe

**Für Anwendungen im Bereich**
Baugewerbe, inkl. Fußboden, Wand und Decke

# Ernst Jäger Fabrik

## chem. Rohstoffe GmbH & Co. OHG

Oerschbachstraße 35-39
40599 Düsseldorf

Telefon 0211/9795-500
Telefax 0211/9795-501

## Das Unternehmen

**Gründungsjahr**
1939

**Größe der Belegschaft**
120 Mitarbeiter

**Besitzverhältnisse**
Privatunternehmen
keine Konzernzugehörigkeit

**Tochterfirmen**
Union Chemie Import–Export
Jäger Chimie France
Jäger Chemie AG, Schweiz
Jäger Chemie Nederlande
Union Chemie Singapore

**Geschäftsführung**
Dr. Manfred Jäger

**Vertriebswege**
Verkauf nur an Industriekunden

**Ansprechpartner**

Anwendungstechnik
Stephan Spiegelhauer

Produkt Manager
Gabriela Claus-Heinrichs

## Das Produktprogramm

**Rohstoffe**
Harze
Polymere
Dispersionen
Lösungsacrylate
UV-härtende Bindemittel

# Jowat

## Klebstoffe GmbH & Co. KG/Zeitz

Zeitzer Str./Am Hydrierwerk
06729 Torna

Telefon 03441/53820
Telefax 03441/5382-25

## Das Unternehmen

**Gründungsjahr**
1992

**Größe der Belegschaft**
20 Mitarbeiter

**Gesellschafter**
Depenbrock & Co. Consulting KG
Dr. Frank & Co. Consulting KG

**Geschäftsführung**
Wolfgang Depenbrock
Dr. Hannes Frank
Michael Kriesten

**Marketing Services und Anwendungstechnik**
Armin Erb

**Vertriebswege**
Deutschland/Europa: eigener Außendienst
weltweit: Schwestergesellschaften, Exklusivhändler, Agenten, Lizenznehmer

## Das Produktprogramm

**Klebstofftypen**
Schmelzklebstoffe
Dispersionsklebstoffe
Trennmittel

**Für Anwendungen im Bereich**
Papier/Verpackung
Buchbinderei/Graphisches Gewerbe
Holz-/Möbelindustrie
Baugewerbe, inkl. Fußboden, Wand und Decke

# Jowat

## Lobers und Frank GmbH & Co. KG

Wittekindstr. 19
32758 Detmold

Telefon 05231/749-0
Telefax 05231/749-105

## Das Unternehmen

**Gründungsjahr**
1919

**Größe der Belegschaft**
260 Mitarbeiter

**Gesellschafter**
Depenbrock & Co. Consulting KG
Dr. Frank & Co. Consulting KG

**Tochterfirmen**
Casanin AG, Buchrain (LU), CH
Jowat Corporation, High Point (NC), USA
Jowat Italia s.r.l., (MI), I, Mazzo di Rho
Jowat Nederland, Fleringen, NL
Jowat Klebstoffe GmbH & Co. KG /Zeitz
Jowat Polska, Sady k. Poznania, Polen

**Geschäftsführung**
Wolfgang Depenbrock
Dr. Hannes Frank
Michael Kriesten

**Ansprechpartner Inland**
Holz + Bauklebstoffe:
Manfred Reuter, Hans-Werner Kuhn
Papier-/Verpackungsklebstoffe:
Peter Römer
Industrieklebstoffe: Dr. Peter Lehe
Export: Peter Hentschel, Klaus Kullmann, Ulrich Schäfer
Marketing Services und Anwendungstechnik: Armin Erb

**Vertriebswege**
Deutschland/Europa: eigener Außendienst
weltweit: Schwestergesellschaften, Exlusivhändler, Agenten, Lizenznehmer

## Das Produktprogramm

**Klebstofftypen**
Schmelzklebstoffe
Reaktionsklebstoffe
lösemittelhaltige Klebstoffe
Dispersionsklebstoffe
Haftklebstoffe

**Für Anwendungen im Bereich**
Papier/Verpackung
Buchbinderei/Graphisches Gewerbe
Holz-/Möbelindustrie
Baugewerbe, inkl. Fußboden, Wand und Decke
Fahrzeug, Luftfahrtindustrie
Textilindustrie
Klebebänder, Etiketten
Hygienebereich

# Kiesel

## Bauchemie GmbH u. Co.KG

Wolf-Hirth-Straße 2
73730 Esslingen

Telefon 0711/93134-0
Telefax 0711/93134-140

## Das Unternehmen

**Gründungsjahr**
1959

**Größe der Belegschaft**
ca. 150 Mitarbeiter

**Geschäftsführender Gesellschafter**
Wolfgang Kiesel

**Tochterfirmen**
Kiesel S. A. R. L., Reichstedt, Frankreich
Kiesel GmbH, Steckborn, Schweiz
Kiesel Benelux, s'-Hertogenbosch, Niederlande
Kiesel s. r. o. Praha, Tschechien

**Geschäftsführung**
Wolfgang Kiesel
Niederlassung Tangermünde:
Diethard Lehmann
Verkaufsleitung Fußbodenbelagsklebstoffe/ Fliesenklebstoffe:
Roman Ruthof
Export: Christophe Bichon

**Anwendungstechnik**
Fußbodenbelagsklebstoffe:
Rolf Riede
Fliesenklebstoffe:
Ulrich Lauser

**Vertriebswege**
Baustoff-Fliesenhandel
Fußbodenbelagsgroßhandel
Großverlegebetriebe

## Das Produktprogramm

**Klebstofftypen**
Dispersionsklebstoffe
zementäre Fliesenklebstoffe
lösemittelhaltige Klebstoffe
Reaktionsklebstoffe

**Für Anwendungen im Bereich**
Baugewerbe, inkl. Fußboden und Wand:
Für Bodenbeläge aller Art:
Fußbodenbeläge
Parkettbeläge
Fliesenbeläge
Naturwerksteinbeläge

# KLEBCHEMIE

## M. G. Becker GmbH + Co. KG

Rudolf-Diesel-Str. 34
76356 Weingarten

Telefon 07244/620
Telefax 07244/700-0

## Das Unternehmen

**Gründungsjahr**
1948

**Größe der Belegschaft**
ca. 180 Mitarbeiter

**Tochterfirmen**
Kleiberit Chimie, France
Kleiberit Adhesive, USA
Kleiberit Adhesives, Canada
Kleiberit Adhesives, UK

**Geschäftsführung**
Dipl. Phys. Klaus Becker-Weimann

**Ansprechpartner**
Vertrieb:
Elke Ehrmann

**Vertriebswege**
Großhandel
Fachhandel (Handwerk)
direkt (Industrie)

## Das Produktprogramm

**Klebstofftypen**
Schmelzklebstoffe PUR, EVA, PO, PA
Reaktionsklebstoffe
lösungsmittelhaltige Klebstoffe
Dispersionsklebstoffe
Haftklebstoffe

**Für Anwendungen im Bereich**
Holz-/Möbelindustrie
Baugewerbe, inkl. Fußboden, Wand und Decke
Maschinen- und Apparatebau
Fahrzeug, Luftfahrtindustrie
Textilindustrie

# Klebstoffwerke COLLODIN

Vilbeler Landstr. 20
60386 Frankfurt
Telefon 069/40104-0
Telefax 069/40104-115
E-mail collodin@collodin.com
http://www.collodin.com

## Das Unternehmen

**Gründungsjahr**
1875

**Größe der Belegschaft**
50 Mitarbeiter

**Gesellschafter**
Dr. Wolf Stefan Schultz, Paul Josef Nauth

**Stammkapital**
800 000 DM

**Besitzverhältnisse**
Dr. Schultz & Nauth

**Tochterfirmen**
Spanien
Thailand

**Geschäftsführung**
Dr. Wolf Stefan Schultz
Paul Josef Nauth

## Das Produktprogramm

**Klebstofftypen**
Casein-, Dextrin- und Stärkeklebstoffe
Dispersionsklebstoffe
lösungsmittelfreie Haft- und Kontaktklebstoffe
Schmelzklebstoffe

**Für Anwendungen im Bereich**
Getränke- und Lebensmittelindustrie
Fahrzeugindustrie
sonstige industrielle Anwendungen

# Kömmerling

## Chemische Fabrik GmbH + Co.

Zweibrücker Straße 200
66954 Pirmasens

Telefon 06331/56-0
Telefax 06331/562-193

## Das Unternehmen

**Gründungsjahr**
1897

**Größe der Belegschaft**
250 Mitarbeiter

**Besitzverhältnisse**
Familenbesitz

**Tochterfirmen**
Kömmerling France SARL, Ingwiller (F)
Brascola, Sao Paulo, Brasilien

**Geschäftsführung**
Otto Schmid
Klaus Rübenthaler
Gerhard Abel

**Anwendungstechnik und Vertrieb**
Leitung
Industrieanwendungen: Günther Hetzel
Automobilindustrie: Dr. Gert Heckmann
Schuhklebstoffe: Bernd Helfrich
Bauindustrie: Ralf Müller

**Vertriebswege**
Industrie, Handel und Handwerk

## Das Produktprogramm

**Klebstofftypen**
Reaktionsklebstoffe
lösemittelhaltige Klebstoffe
Dispersionsklebstoffe
Hotmelts

**Für Anwendungen im Bereich**
Holz-/Möbelindustrie
Baugewerbe
Elektronik
Maschinen- und Apparatebau
Fahrzeugindustrie
Hygienebereich
Coil Coating
Schuhindustrie
Schuhhandwerk

# Loctite Deutschland GmbH

Arabellastraße 17
81925 München

Telefon 089/9268-0
Telefax 089/9101978

## Das Unternehmen

**Gründungsjahr**
1971

**Größe der Belegschaft**
ca. 160 Mitarbeiter

**Gesellschafter**
Locite International B.V. 100 %

**Stammkapital**
2 Millionen DM

**Geschäftsführung**
Dr. Attilio Gatti, Heinrich Grün, Fritz Löhr, J.M. MacLean

**Anwendungstechnik**
Vertrieb Industrie: Jörg von Ameln
Anwendungstechnik: Rudolf Neumayer
Service-Telefon: 089/9268-146

**Vertriebswege**
dirkekt und indirekt

## Das Produktprogramm

**Klebstofftypen**
Reaktionsklebstoffe

**Für Anwendungen im Bereich**
Holz-/Möbelindustrie
Elektronik
Maschinen- und Apparatebau
Fahrzeug, Luftfahrtindustrie
Haushalt, Hobby und Büro

**Weitere Produkte**
Dosiergeräte
Dosieranlagen

# LOHMANN GmbH & Co. KG

Irlicher Str. 55
56567 Neuwied

Telefon 02631/99-0
Telefax 02631/99-6661

## Das Unternehmen

**Gründungsjahr**
1851

**Größe der Belegschaft**
3 500 Mitarbeiter

**Gesellschafter**
Lohmann-Verwaltungs-GmbH
D-56513 Neuwied (Komplementärin),
67 Kommanditisten

**Stammkapital**
126 Millionen DM

**Ansprechpartner**
Geschäftsführung:
Dr. P. Bath, Dr. M. Barth, V. Schullenberg
Geschäftsbereichsleitung Klebeband-systeme:
Monika Rossa (techn.)
Gerd Buschmann (kaufm.)
Anwendungstechnik und Vertrieb:
G. Buschmann (Vertrieb)
R. Domanski (AWT)

**Tochterfirmen**
30 in Europa und USA,
9 im Klebebandbereich

**Vertriebswege:**
Industrie und technischer Handel

## Das Produktprogramm

**Klebstofftypen**
Klebebänder (doppelseitig und einseitig)

**Für Anwendungen im Bereich**
Papier/Verpackung
Buchbinderei/Graphisches Gewerbe
Holz-/Möbelindustrie
Baugewerbe, inkl. Fußboden, Wand und Decke
Elektronik
Maschinen- und Apparatebau
Fahrzeug, Luftfahrtindustrie
Hygienebereich

**Geschäftsbereiche:**
Medicalprodukte
Klebebandsysteme
Vliesstoffe

# LUGATO CHEMIE

## Dr. Büchtemann GmbH & Co.

Helbingstraße 60-62
22047 Hamburg

Telefon 040/69407-0
Telefax 040/69407-109+110

## Das Unternehmen

**Gründungsjahr**
1919

**Größe der Belegschaft**
240 Mitarbeiter

**Geschäftsführung**
Dr. Gerhard Büchtemann

**Ansprechpartner**
Leitung Chemie und Technik:
Dr. Heinrich Plaß
Leitung Vertrieb:
Tyll Eitzen

**Vertriebswege**
Baumärkte
Baustoffhandel

## Das Produktprogramm

**Klebstofftypen**
Dispersionsklebstoffe
hydraulisch erhärtende Klebstoffe
Reaktionsklebstoffe

**Für Anwendungen im Bereich**
Baugewerbe, inkl. Fußboden, Wand und Decke
do it yourself

**Weitere Produkte**
bauchemische Markenartikel, z. B.
Fugenmörtel
Dichtstoffe
Spachtel- und Ausgleichsmassen
Reparatur- und Montagemörtel
Polyurethan-Schäume
Dispersionsputze
mineralische Putze
Dispersionsfarben
Wärmedämmsystem
Bauwerksabdichtungen

# MYDRIN ags GmbH

Kalkarer Straße 81
47533 Kleve

Telefon 02821/802-0
Telefax 02821/802-181

Feldstraße 37–45
63179 Obertshausen

Telefon 06104/7004-0
Telefax 06104/7004-54

## Das Unternehmen

### Gründungsjahr

1996
davor:
Mydrin GmbH 1990
ags Industrieklebstoffe 1980

### Größe der Belegschaft

130 Mitarbeiter

### Besitzverhältnisse

100 % National Starch & Chemical GmbH

### Geschäftsführung

Gerd R. Clemens
Dieter Schwerdfeger
Bernd Tönnesmann

### Ansprechpartner

Bereichsleitung Papier und Dispersionen
Dr. Kurt Klenke, Kleve

F+E und AWT Dispersionen
Franz-Josef Kiekenbeck, Kleve

Verkaufsleitung Holz- und Möbelindustrie
Andreas Kanz, Obertshausen

F+E und AWT Hotmelt
Jürgen Lotz, Obertshausen

## Das Produktprogramm

### Klebstofftypen

Schmelzklebstoffe
Dispersionsklebstoffe
pflanzliche Klebstoffe
Dextrin- und Stärkeklebstoffe
Glutinleime
lösungsmittelhaltige Klebstoffe
Haftklebstoffe

### Rohstoffe

Homopolymere auf Basis PVAc

### Für Anwendungen im Bereich

Papier/Verpackung
Buchbinderei/Graphisches Gewerbe
Etikettierung (Glas- und Kunststoff-Flaschen)
Holz-/Möbelindustrie
Lederindustrie
Industrielle Anwendungen

# Neste Chemicals GmbH

Monschauer Straße 1
40549 Düsseldorf

Telefon 0211/568460
Telefax 0211/5624721

## Das Unternehmen

**Größe der Belegschaft**
8000 weltweit

**Geschäftsführung**
Norfried Brinker

**Anwendungstechnik und Vertrieb**

Leitung Verkauf + Marketing
Harald Matthäus

Leitung Technik + Labor
Heinz Hüskes

**Weitere Informationen**
Neste ist als internationales Unternehmen mit Stammsitz in Espoo nahe Helsinki, Finnland, in den Bereichen Öl, Energie und Chemie tätig

## Das Produktprogramm

**Klebstofftypen**
Dispersionsklebstoffe
Haftklebstoffe

**Für Anwendungen im Bereich**
Papier/Verpackung
Baugewerbe, inkl. Fußboden, Wand und Decke
Klebebänder, Etiketten

**Rohstoffe**
Polymere:
Styrol-Acrylate, Reinacrylate

# National

## Starch & Chemical GmbH

Im Altenschemel 55
67435 Neustadt

Telefon 06327/382-0
Telefax 06327/382-296

## Das Unternehmen

**Geschäftsführung**
W. Tietje

**Anwendungstechnik**
U. Richter

**Vertrieb**
Leime für die Verpackungsindustrie:
J. Brzoska
Leime für die Holzindustrie:
K. Aschenbrenner, C. Landenberger
Selbstklebetechnik:
F. Simon

**Verkaufsinnendienst**
D. Jacob

**Vertriebswege**
Industrie
Handel

**Weitere Informationen**
100%ige Tochter der ICI Gruppe, weltweit über 100 Produktionsstätten, vertreten in 17 Ländern Europas

## Das Produktprogramm

**Klebstofftypen**
Schmelzklebstoffe
Reaktionsklebstoffe
lösemittelhaltige Klebstoffe
Dispersionsklebstoffe
Pflanzliche Klebstoffe, Dextrin- und Stärkeklebstoffe
Haftklebstoffe
Kaseinleime

**Für Anwendungen im Bereich**
Papier/Verpackung
Buchbinderei/Graphisches Gewerbe
Holz-/Möbelindustrie
Elektronik
Maschinen- und Apparatebau
Fahrzeug, Luftfahrtindustrie
Klebebänder, Etiketten
Hygienebereich

# Novacote International

Schnackenburgallee 62
22525 Hamburg

Telefon 040/853103-0
Telefax 040/85310369

## Das Unternehmen

**Anwendungstechnik und Vertrieb**
Novacote International
Schnackenburgallee 62
22525 Hamburg

### Tochterfirmen

**Novacote International**
Schnackenburgallee 62
22525 Hamburg, Germany

**Novacote Flexpack Stahl GB Ltd.**
Bakewell Road, Loughborough
Leics LE 11 5RD, Great Britain

**Novacote Flexpack Division de Zeneca Spécialités s.a.s.**
Rue de la Grande Epine
76800 Saint-Etienne-du-Rouvray, France

**Novacote Flexpack Stahl Ibérica SA**
Apartado de Correos 91
Poligon Llevant Industrial
08150 Parets-del-Valles, Spain (Barcelona)

**Novacote Flexpack Stahl USA**
13 Corwin Street, PO Box 3039
Peabody-Mass. 01961-3039, USA

**Novacote Flexpack Stahl Asia Pte. Ltd.**
14 Tanjong Penjuru Crescent
Singapore 608976

**Novacote Flexpack Stahl Brasil S.A.**
Rua Bento Gonçalves 3144
Cx. Postal 389, Novo Hamburgo RS
CEP 93520-000, Brazil

## Das Produktprogramm

**Klebstofftypen**
Reaktionsklebstoffe
(Cyanacrylate, MMA, 2K usw.)
lösemittelhaltige Klebstoffe
Dispersionsklebstoffe

**Für Anwendungen im Bereich**
Papier/Verpackung

**Weitere Informationen**
Herstellung von Klebstoffen und Beschichtungen für flexible Verpackungen und die graphische Industrie

# Hermann Otto GmbH

Krankenhausstraße 14
83413 Fridolfing

Telefon 08684/908-0
Telefax 08684/1260

## Das Unternehmen

### Geschäftsführung
Jürgen Lohre

### Anwendungstechnik und Vertrieb

Technik
(Industrie-Anwendungen – Silicone)
Nikolaus Auer

Technik
(PU-Klebstoffe)
Dr. Johann Steinkirchner

Vertrieb
(Produktmanager Klebstoffe)
Dipl.-Ing. (FH) Wilhelm Schneider

Vertriebsleiter
Klaus Seebauer

### Vertriebswege
direkt

## Das Produktprogramm

### Klebstofftypen
Reaktionsklebstoffe
(1K- und 2K-Silicone, 1K- und 2K-Polyurethane, Acrylate)

### Für Anwendungen im Bereich
Holz-/Möbelindustrie
Baugewerbe, inkl. Fußboden, Wand und Decke
Elektronik
Maschinen- und Apparatebau
Fahrzeug, Luftfahrtindustrie
Hausgeräteindustrie
Heizungs-, Klima- und Lüftungstechnik
Isolierglasherstellung

OTTO CHEMIE

**Dichtstoffe • Klebstoffe**

## Unternehmensgegenstand

**Entwicklung, Herstellung und Vertrieb von hochwertigen Produkten**

- Dichtstoffe
- Klebstoffe
- Vergußmassen
- Systeme für „gespritzte Dichtungen" („formed-in-place" und „cured-in-place" gaskets & foam gaskets – FIPG/CIPG & FIPFG/CIPFG)

**Produktsysteme**

- Silicone
- Polyurethane
- Acrylate

## Qualitätsmanagement nach DIN EN ISO 9001

Die Zertifizierung nach DIN EN ISO 9001 fand statt am 7. November 1996

## Schwerpunktsbranchen

Für den **Bausektor** halten eine breite Palette an Dicht- und Klebstoffen bereit

**Industrieanwendungen**

- Elektro- und Hausgeräteindustrie
- Möbelindustrie
- Bauelemente- und Schalttafelindustrie
- Flugzeug- und Schiffsbauindustrie
- Heizungs-, Klima- und Lüftungstechnik
- Isolierglashersteller

## Gründung

1881

## Standort

- Fridolfing in Bayern/Deutschland
- an der Grenze zu Österreich
- etwa 130 km östlich von München
- nahe bei Salzburg (25 km)

## Größe

- 173 Mitarbeiter

## Unternehmenssituation

- konzernunabhängig
- gesunde finanzielle Lage
- inhabergeführt

## Hermann Otto GmbH

Hausanschrift:
Krankenhausstraße 14
D-83413 Fridolfing
Deutschland
Telefon +49/8684-908-0
Telefax +49/8684-1260

Postanschrift:
Postfach 20
D-83411 Fridolfing
Deutschland

# Panacol-Elosol GmbH

Obere Zeile 6-8
61440 Oberursel
Telefon 06171/62020
Telefax 06171/6202-90
e-Mail planatol@ro-online.de
Internet http://www.planatol.de

## Das Unternehmen

**Gründungsjahr**
1978

**Größe der Belegschaft**
35 Mitarbeiter

**Gesellschafter**
Panacol AG, Zürich
Elosol AG, Zürich

**Stammkapital**
500.000 DM

**Geschäftsführung**
Dipl. Chem. Achim Battermann

**Ansprechpartner**
Vertrieb: Tel: 6202-30, -50, -60
Technischer Leiter:
E. J. Perl Tel: 6202-20
Anwendungstechnik:
S. Hinsdorf Tel: 6202-22

**Vertriebswege**
Bundesweit:
direkt über eigenen Außendienst
Technische Händler
Zertifiziert nach ISO 9001

## Das Produktprogramm

**Klebstofftypen**
Reaktionsklebstoffe
Anaerobe Klebstoffe
Cyanacrylate
Hochtemperatur-Klebstoffe
leitfähige isotrope und anisotrope Klebstoffe
UV- und lichthärtende Epoxid- und Acrylatklebstoffe
Silikone
Strukturklebstoffe

**Für Anwendungen im Bereich**
Elektronik
Conformal Coating/Chip-Verguß
Maschinen- und Apparatebau
Fahrzeug-, Luftfahrtindustrie
Glasveredelnde und glasverarbeitende Industrie
Haushalt, Hobby und Büro
Optik

**Weitere Produkte**
Dosiergeräte
UV-Strahler
Fertigungsanlagen
Lohnfertigung

# PASCO Handels-GmbH

Holzhauser Straße 14
13509 Berlin

Telefon 030/43554020
Telefax 030/43554021

## Das Unternehmen

**Gründungsjahr**
1991

**Geschäftsführung**
Manfred Wilmes

**Vertrieb**
PASCO Handels GmbH
Holzhauser Str. 14
13509 Berlin

**Vertriebswege**
direkt
Fachhandel (Handwerk)
Außendienst
Messen

**Tochterfirma**
Industrieklebstoffe Wilmes
Trattenstraße 42
A-9470 St. Paul i. Lav.
Telefon 00434357/3988
Telefax 00434357/3989

## Das Produktprogramm

**Klebstofftypen**
Reaktionsklebstoffe
Füllstoffe zum Abdichten in Verbindung mit
Reaktionsklebstoffen

**Für Anwendungen im Bereich**
Fahrzeug, Luftfahrtindustrie
Foto-Optik-Industrie
Dentaltechnik
Haushalt, Hobby und Büro
Elektrotechnik/Elektronik
Handwerk
Modellbau
Maschinen- und Apparatebau
Restaurationsbereich

# Permabond

Im Altenschemel 55
67435 Neustadt

Telefon 06327/382231
Telefax 06327/382126

## Das Unternehmen

**Verkaufsleitung**
Matthias Mirbach

**Entwicklung**
Dr. Stefanie Wellmann

**Vertriebswege**
Industrie
Handel

**Weitere Informationen**
Teil der ICI-Gruppe
weltweit über 100 Produktionsstätten, vertreten in 17 Ländern in Europa

## Das Produktprogramm

**Klebstofftypen**
Reaktionsklebstoffe:
2K-Epoxidharzklebstoffe und -Vergußmassen
1K-Epoxidharzklebstoffe und -Vergußmassen
polymerverstärkte „No-mix"-Acrylatklebstoffe
anaerobe Klebstoffe
Cyanacrylatklebstoffe
polymerverstärkte Vinyloxirenklebstoffe
UV-härtende Klebstoffe
2K-metallgefüllte Epoxidharze

**Für Anwendungen im Bereich**
Elektronik
Maschinen- und Apparatebau
Fahrzeug-, Luftfahrtindustrie
Glasindustrie

# PLANATOL Klebetechnik GmbH

Fabrikstraße 30
83101 Rohrdorf -Thansau
Telefon 08031/720-0
Telefax 08031/720-180
e-Mail planatol@ro-online.de
Internet http://www.planatol.de

## Das Unternehmen

**Gründungsjahr**
1932

**Größe der Belegschaft**
145 Mitarbeiter

**Stammkapital**
4 Millionen DM

**Besitzverhältnisse**
GmbH-Familiengesellschaft

**Gesellschafter**
Charlotte Hesselmann
Harald Hesselmann
Karl-Heinz Hesselmann
Peter Hesselmann
Theo Hesselmann
Herbert Hesselmann

**Tochterfirmen**
PLANAX North America (Vertriebsfirma)

**Geschäftsführung**
Dipl.Kfm. Hans-U. Michalke
Theo Hesselmann

**Anwendungstechnik und Entwicklung**
Dipl.Chem. Dr. Rainer Fasolt

**Marketing/Vertrieb**
Dipl. Kfm. Alexander Torster

**Vertriebswege**
Eigener Außendienst
Grafischer Fachhandel
Auslandsvertretungen in mehr als
60 Ländern

## Das Produktprogramm

**Klebstofftypen**
Schmelzklebstoffe
Dispersionsklebstoffe
Pflanzliche Klebstoffe, Dextrin-, Stärke- und Latexklebstoffe
Haftklebstoffe
PUR-Klebstoffe

**Für Anwendungen im Bereich**
Papier/Verpackung
Buchbinderei/Graphisches Gewerbe
Klebebänder, Etiketten

**Weitere Produkte**
Klebebindegeräte
Mappen und Zubehör
Klebstoff-Auftragssysteme für den Rotationsdruck

# PolymerLatex GmbH & Co. KG

Paul-Baumann-Straße 1
45764 Marl

## Das Unternehmen

**Gründungsjahr**
1996

**Größe der Belegschaft**
670 (weltweit)

**Gesellschafter**
Gemeinsames Unternehmen der Hüls-Gruppe und der Bayer AG

**Tochterfirmen**
Vertretungen weltweit
Produktionsstandorte in Deutschland, Frankreich, Finnland, Großbritannien, Italien, Südafrika, USA

**Ansprechpartner**

Marketing

| | | |
|---|---|---|
| H. Dr. Sauer | Tel.: | 02365/49-5223 |
| | Fax: | 02365/49-6510 |

Anwendungstechnik:

| | | |
|---|---|---|
| H. Dr. Müller | Tel.: | 02365/49-6571 |
| | Fax: | 02365/49-6760 |

## Das Produktprogramm

**Rohstoffe**

**Additive**
Verdicker

**Polymere (wäßrige Dispersionen)**
Polyacrylate
Polystyrolacrylate
Polystyrolbutadien

# PRHO-CHEM GmbH

Hauptstraße 42
D-83075 Bad Freilnbach – Au

## Chemische und technische Produkte

Telefon 08064/9086-0
Telefax 08064/9086-90

## Das Unternehmen

**Gründungsjahr**
1994

**Größe der Belegschaft**
4 Mitarbeiter

**Gesellschafter**
3

**Stammkapital**
51.000 DM

**Besitzverhältnisse**
je 1/3 der geschäftsführenden Gesellschafter

**Ansprechpartner**

Geschäftsführung
Otto Kleinhanß, Hubert Koller,
Reinhard Rother

Anwendungstechnik und Vertrieb
Hubert Koller, Otto Kleinhanß

## Das Produktprogramm

**Klebstofftypen**
Schmelzklebstoffe
Dispersionsklebstoffe
pflanzliche Klebstoffe, Dextrin- und Stärkeklebstoffe
Glutinleime
Haftklebstoffe

**Für Anwendungen im Bereich**
Papier/Verpackung
Buchbinderei/Graphisches Gewerbe
Klebebänder, Etiketten
Hygienebereich

# PRO

## Bauprodukte und Farben GmbH

Welser Str. 6a
51149 Köln

Telefon 02203/3027-0
Telefax 02203/3027-30

## Das Unternehmen

**Gründungsjahr**
1996

**Gesellschafter**
Lafarge Matériaux de Spécialités
Montrouge (Frankreich)

**Geschäftsführung**
Nicolas Delaporte

**Vertriebswege**
Farbengroßhandel
Fachmärkte

**Ansprechpartner**

Anwendungstechnik
Dr. Jacek Pilski

Vertrieb
Andreas Rupprecht

## Das Produktprogramm

**Produktgruppen**
Verarbeiten des Untergrundes
Oberflächen- und Feuchteschutz
Additive
Putze und Farben
Kleben und Verfugen
Dichtmassen
Spezialprodukte

**Für Anwendungen im Bereich**
Boden- und Fliesenverlegearbeiten
Malerarbeiten

# Ramge Chemie GmbH

Carl-Zimmermann Straße 41
67373 Dudenhofen

Telefon 06232/9004-0
Telefax 06232/9004-40

## Das Unternehmen

**Gründungsjahr**
1929

**Gesellschafter**
Franz Ramge
Johanna Hartmann

**Geschäftsführung**
Manfred Ramge
Udo Ramge

**Anwendungstechnik und Vertrieb**
Manfred Ramge
Udo Ramge

## Das Produktprogramm

**Klebstofftypen**
Reaktionsklebstoffe
lösemittelhaltige Klebstoffe
Dispersionsklebstoffe
Pflanzliche Klebstoffe, Dextrin- und Stärkeklebstoffe

**Für Anwendungen im Bereich**
Papier/Verpackung
Buchbinderei/Graphisches Gewerbe
Holz-/Möbelindustrie
Baugewerbe, inkl. Fußboden, Wand und Decke
Etiketten

# Rhenocoll

Reichenbachstraße 15
68309 Mannheim

## Leim- u. Klebstoffabrik, Holzschutz

Telefon 0621/72894-0
Telefax 0621/72894-50

## Das Unternehmen

**Gründungsjahr**
1948

**Geschäftsführung**
Herr Zimmermann sen.

**Anwendungstechnik und Vertrieb**
Herr Zimmermann jun.
Herr Hanf
Herr Lauer
Herr Poppek

**Vertriebswege**
Industrie und Handel
Inland und Ausland

## Das Produktprogramm

**Klebstofftypen**
Schmelzklebstoffe
lösemittelhaltige Klebstoffe
Dispersionsklebstoffe
Haftklebstoffe

**Für Anwendungen im Bereich**
Papier/Verpackung
Holz-/Möbelindustrie
Baugewerbe, inkl. Fußboden, Wand und Decke
Haushalt, Hobby und Büro

**Weitere Produkte**
Holzlacke + Beizen
Lasuren
Holzschutzprodukte
Speziallösungen
PVC-Beschichtungen

# Renia-Gesellschaft mbH

Ostmerheimer Straße 516
51109 Köln

Telefon 0221/692917
Telefax 0221/691565

## Das Unternehmen

**Gründungsjahr**
1930

**Gesellschafter**
Familie Buchholz

**Geschäftsführung**
Josef Buchholz
Heinz Buchholz

**Anwendungstechnik und Vertrieb**
Dipl.Chem. Heinz Buchholz

**Vertriebswege**
Eigener Außendienst in Deutschland
Agenturen und Importeure weltweit

## Das Produktprogramm

**Klebstofftypen**
lösemittelhaltige Klebstoffe
Dispersionsklebstoffe

**Für Anwendungen im Bereich**
Maschinen- und Apparatebau
Haushalt, Hobby und Büro
Schuhindustrie
Schuhreparatur

# Rohm and Haas Deutschland GmbH

In der Kron 4
60489 Frankfurt

Telefon 069/789960
Telefax 069/7895356

## Das Unternehmen

Gründungsjahr
1962

Größe der Belegschaft
65 Mitarbeiter

Stammkapital
70 000 DM

Bestitzverhältnisse
Konzernzugehörigkeit Rohm and Haas Philadelphia, USA

## Das Produktprogramm

Import und Vertrieb von chemischen Erzeugnissen der Rohm and Haas Company, Philadelphia, USA
Polymers und Resins
wäßrige Acrylatdispersionen
Biocide und Formulierungschemikalien

# RÜTGERS VFT AG

Varziner Straße 49
47138 Duisburg

Telefon 0203/4296-01
Telefax 0203/422551

## Das Unternehmen

**Gründungsjahr**
1849 – Rütgerswerke AG
durch Julius Rütgers

**Größe der Belegschaft**
1100 Mitarbeiter

**Besitzverhältnisse**
100 % RÜTGERS AG

**Geschäftsführung**

Vorsitzender des Vorstandes
Dr. Albert W. Pürzer

Bereichsleiter
Frank Böttcher

**Ansprechpartner**

Verkaufsbereichsleiter
Thomas Zeymer

Leiter Anwendungstechnik
Dr. Knut Hillner

Anwendungstechnischer Verkauf
Bodo Friedrich

**Vertriebswege**
Klebrohstoffe in Deutschland
direkt
Klebrohstoffe im Ausland
über Vertretungen, Adressen und Anfrage

## Das Produktprogramm

**Rohstoffe**

**Harze**
aromatische Kohlenwasserstoff-Harze
aliphatisch modifizierte aromatische
Kohlenwasserstoff-Harze
Inden-Cumaron-Harze
Monomer-Harze
polar modifizierte Harze
Spezialflüssigharze
Plastifizierungsmittel

**Für Anwendungen im Bereich**
Schmelzklebstoffe
Dispersionsklebstoffe
Lösemittelklebstoffe
Reaktionsklebstoffe
Dicht-, Dämm- und Dämpfstoffe

**Weiter Informationen**
Batchweise Fertigung zur Erzielung Kunden-individueller Klebstoffeigenschaften

# SABA
# Dinxperlo BV

Industriestraat 3
NL-7091 DC Dinxperlo

Telefon 0031/315658999
Telefax 0031/315653207

## Das Unternehmen

**Gründungsjahr**
1935

**Größe der Belegschaft**
160 Mitarbeiter

**Gesellschafter**
R.J. Baruch
Drs. H.G. Otten

**Tochterfirmen**
SABA Klebstoff und Abdichtungssysteme GmbH, Mannheim
SABA International Dinxperlo (NL)
Foampress Dinxperlo (NL)

**Geschäftsführung**

| | |
|---|---|
| Vertrieb: | R.J. Baruch |
| Finanzen: | Drs. H.G. Otten |
| Technik und Forschung: | P.G.J. Leusink |

**Ansprechpartner**
SABA Klebstoff und Abdichtungssysteme GmbH
Geschäftsführung
Klaus Ehry
Vertriebsleitung
Heinz Herd
Floßwörthstr. 3-9, 68199 Mannheim
Tel. 0621/834780
Fax 0621/8347844

**Vertriebswege**
Eigene internationale Vertriebsorganisation

## Das Produktprogramm

**Klebstofftypen**
Schmelzklebstoffe
Reaktionsklebstoffe
lösemittelhaltige Klebstoffe
Dispersionsklebstoffe
Haftklebstoffe

**Für Anwendungen im Bereich**
Automobilindustrie
Papier/Verpackung
Holz-/Möbelindustrie
Baugewerbe, inkl. Fußboden, Wand und Decke
Maschinen- und Apparatebau
Luftfahrtindustrie
Textilindustrie
Klebebänder, Etiketten
Haushalt, Hobby und Büro

**Rohstoffe**
Polymere

# Salamander

## Industrie-Produkte GmbH

Jakob-Sigle-Straße 58
86842 Türkheim

Telefon 08245/52-0
Telefax 08245/52-180

## Das Unternehmen

**Gründungsjahr**
1917

**Größe der Belegschaft**
550 Mitarbeiter

**Gesellschafter**
Salamander AG Kornwestheim

**Stammkapital**
17 Millionen DM

**Besitzverhältnisse**
100 % Tochter

**Tochterfirmen**
Salamander Industrial Products Inc.
Verona, N.Y. / USA

**Geschäftsführung**
F.A. Meyer
Klaus Jensen

**Ansprechpartner für Klebstoffe**
Verkaufsleiter:
Klaus Letzelter
Technischer Leiter:
Bernd Schweisser

## Das Produktprogramm

**Klebstofftypen**
Schmelzklebstoffe
lösemittelhaltige Klebstoffe
Dispersionsklebstoffe
Schaumstoffklebstoffe

**Für Anwendungen im Bereich**
Buchbinderei/Graphisches Gewerbe
Schuhindustrie/Lederverarbeiter
Schaumstoff-/Textilindustrie

**Weitere Informationen zum Unternehmen**
3 Unternehmensbereiche:
Lederfaserstoffe
Kunststofftechnik
Chemische Produkte: Klebstoffe und Dichtbänder

# SCHÖNOX GmbH

Alfred-Nobel-Straße 6
48720 Rosendahl
Telefon 02547/910-0
Telefax 02547/910-101
e-Mail info@schoenox.de
Internet http://www.schoenox.com

## Das Unternehmen

**Gründungsjahr**
1891

**Größe der Belegschaft**
303 Mitarbeiter (Stand: 31.3.98)

**Gesellschafter**
Sadolin GmbH

**Stammkapital**
14.000.000 DM

**Besitzverhältnisse**
100 %

**Geschäftsführung**
Helmut Twilfer

**Ansprechpartner**

Leiter Anwendungstechnik
Dr. Wolfgang Gaede

Leiter Marketing + Vertrieb Deutschland
Werner Schwerdt

**Vertriebswege**
Fußbodengroßhandel
Fliesengroßhandel
Objekteure

## Das Produktprogramm

Produktion und Vertrieb von Klebstoffen, Spachtelmassen, Fugenmaterial etc. für die Fliesen- und Fußbodenbranche

# Sichel-Werke GmbH

Sichelstraße 1
D-30453 Hannover

Telefon 0511/2140-0
Telefax 0511/2140-230

## Das Unternehmen

**Gründungsjahr**
1889

**Größe der Belegschaft**
ca. 200 Mitarbeiter

**Gesellschafter**
Henkel KGaA

**Geschäftsführung**
Dr. Andreas Bruns
Heinrich Grün

## Das Produktprogramm

**Klebstofftypen**
Reaktionsklebstoffe (Cyanacrylatklebstoffe, anaerobe Klebstoffe, Epoxidklebstoffe)
Fugendichtungsmassen
Kleister
Renovierprodukte

**Für Anwendungen im Bereich**
Allgemeine Industrie
Kfz
Elektronik
Handwerk
Do-it-yourself

# SIEMA-CHEMIE

## Industrie-Klebstoffe GmbH

Eichelsbacher Straße 4-6
66954 Pirmasens-Gersbach

Telefon 06331/91567
Telefax 06331/92389

## Das Unternehmen

**Gründungsjahr**
1974

**Größe der Belegschaft**
9 Mitarbeiter

**Gesellschafter**
Erika Illik

**Stammkapital**
51.000 DM

**Geschäftsführung**
Josef Illik

**Anwendungstechnik und Vertrieb**
Johannes Illik
Josef Illik

**Vertriebswege**
direkt
Handel

## Das Produktprogramm

**Klebstofftypen**
Schmelzklebstoffe
Reaktionsklebstoffe
lösemittelhaltige Klebstoffe
Dispersionsklebstoffe
pflanzliche Klebstoffe, Dextrin- und Stärkeklebstoffe
Haftklebstoffe

**Für Anwendungen im Bereich**
Papier/Verpackung
Holz-/Möbelindustrie
Elektronik
Maschinen- und Apparatebau
Textilindustrie
Haushalt, Hobby und Büro
Lederverarbeitende Industrie
Kunststoffverarbeitende Industrie

# Sika Chemie GmbH

## Kleb- und Dichtstoffe Industrie

Stuttgarter Straße 139
72574 Bad Urach

Telefon 07125/940-761
Telefax 07126/940-763

## Das Unternehmen

**Gründungsjahr**
1910 (Mutter Sika AG, Schweiz)

**Größe der Belegschaft**
Deutschland ca. 800 Mitarbeiter
weltweit ca. 6.500 Mitarbeiter

**Tochterfirmen**
weltweit ca. 60, Sika Deutschland

**Ansprechpartner**

Geschäftsführer
W. Leitz

Mitglied GL/GB Industrie
M. J. Spohr

**Anwendungstechnik und Vertrieb**

Technik
M. Muschak, Leitung Industrie

Vertrieb
S. Lundt, Leitung Industrie

## Das Produktprogramm

**Klebstofftypen**
Reaktionsklebstoffe (2K)
PU-Klebstoffe

**Für Anwendungen im Bereich**
Holz-/Möbelindustrie
Baugewerbe, inkl. Fußboden, Wand und Decke
Elektronik
Maschinen- und Apparatebau
Fahrzeug-, Luftfahrtindustrie

**Weiter Informationen**
Spezialist für elastische Klebe- und Dichtsysteme. 1K-Polyurethan, 2K-PUR, Warm Melt und Hot Cure Klebstoffe, Beschichtungsmaterialien

# STAUF

## Klebstoffwerk GmbH

Frankfurter Straße 69
D-57074 Siegen
Telefon 0271/2335-0
Telefax 0271/2335-200
Internet http://www.stauf.de
E-mail stauf.klebstoffwerk@ t-online.de

## Das Unternehmen

**Gründungsjahr**
1828

**Größe der Belegschaft**
40

**Besitzverhältnisse**
100 % Familie Stauf

**Geschäftsführung**
Helmut Stauf

**Anwendungstechnik**
Dr. Frank Gahlmann

**Verkaufsleitung**
Joachim Lang

**Vertriebswege**
weltweit
eigener Außendienst
eigene Ausliederungslager
Handelsvertreter

## Das Produktprogramm

**Klebstofftypen**
Dispersionsklebstoffe
Lösemittelklebstoffe
Reaktionsharzklebstoffe
PVAc-Leime
Ausgleichsmassen

**Für Anwendungen im Bereich**
Parkett
Holzpflaster
elastische und textile Bodenbeläge
Wandbeläge
Decken
Etiketten
Hart- und Weichholz

# SWIFT Klebstoffe GmbH

Am Freiheitsplatz 14
63450 Hanau

Telefon 06181/258341-44
Telefax 06181/23041

## Das Produktprogramm

**Klebstofftypen**
Schmelzklebstoffe
Haftklebstoffe
Dispersionsklebstoffe
Pflanzliche Klebstoffe, Dextrin- und Stärkeklebstoffe
PUR-Systeme

**Für Anwendungen im Bereich**
Automobilindustrie
Buchbinderei
Etikettierung
Folien-Lamination
Hygienebereich
Papier/Verpackung

# TIVOLI Klebstoff GMBH

Reichsbahnstraße 99
22525 Hamburg

Telefon 040/54002-0
Telefax 040/54002-330

## Das Unternehmen

**Gründungsjahr**
1928

**Größe der Belegschaft**
150 Mitarbeiter

**Gesellschafter**
TIVOLI WERKE AG

**Stammkapital**
5 Millionen DM

**Tochterfirmen**
Norddeutsche Klebstoff GmbH, Hamburg
Brau-Export GmbH, Hamburg
Tivoli France, Romans (F)
Frede Andersens Fabriker,
Lille Skensved (Dk)

**Geschäftsführung**

Vorstand:
Dieter Henkel
Dr. Hans-Günther Cordes

**Ansprechpartner**

Verkaufsleitung
Klaus Utesch

Marketing
Frieder Reimann

## Das Produktprogramm

**Klebstofftypen**
Schmelzklebstoffe
Reaktionsklebstoffe
lösemittelhaltige Klebstoffe
Dispersionsklebstoffe
Haftklebstoffe
UV-härtende, lichthärtende Klebstoffe

**Für Anwendungen im Bereich**
Papier/Verpackung
Buchbinderei/Graphisches Gewerbe
Holz-/Möbelindustrie
Baugewerbe, inkl. Fußboden, Wand und Decke
Elektronik
Fahrzeug, Luftfahrtindustrie
Textilindustrie
Klebebänder, Etiketten
Hygienebereich
Schuhindustrie
strukturelle Verklebung
Verbundwerkstoffe
Bootsbau
Waggonbau

Verbindungen
die halten!
tivoli
TIVOLI
Steigerung Ihrer Produktivität
Verbesserung Ihrer Qualität
TIVOLI KLEBSTOFF GmbH
Reichsbahnstraße 99 • 22525 Hamburg
Tel.: 040 - 540 02-0 • Fax: 040 - 540 02 330

# Türmerleim GmbH

Arnulfstraße 43
67061 Ludwigshafen/Rhein

Telefon 0621/561070
Telefax 0621/5610712

## Das Unternehmen

**Gründungsjahr**
1889

**Größe der Belegschaft**
110 Beschäftigte

**Gesellschafter**
Dr. H. Pfeiffer
Dr. P. Pfeiffer
Dipl.-Chem. M. Pfeiffer
Dipl.-Volksw. T. Pfeiffer

**Stammkapital**
6 Millionen Mark

**Tochterfirmen**
Türmerleim AG
Dornacherstraße 16, CH-4008 Basel
Telefon 0041/61/2712174
Telefax 0041/61/2712166

**Geschäftsführung**
Dr. Hermann Pfeiffer
Dr. Peter Pfeiffer

**Ansprechpartner**
Technik: Dr. Hermann Pfeiffer
Vertrieb: Dr. Peter Pfeiffer
W. Hitz
R. Schönmehl
W. Wachenheim
Zertifiziert nach DIN EN ISO 9001

## Das Produktprogramm

**Klebstofftypen**
Schmelzklebstoffe
Dispersionsklebstoffe
pflanzliche Klebstoffe, Dextrin- und Stärkeklebstoffe
Caseinklebstoffe
Haftklebstoffe

**Für Anwendungen im Bereich**
Papier/Verpackung
Buchbinderei/Graphisches Gewerbe
Holz-/Möbelindustrie
Konstruktive Holzverleimung
Klebebänder, Etiketten
Hygienebereich
Etikettierung
Zigarettenherstellung

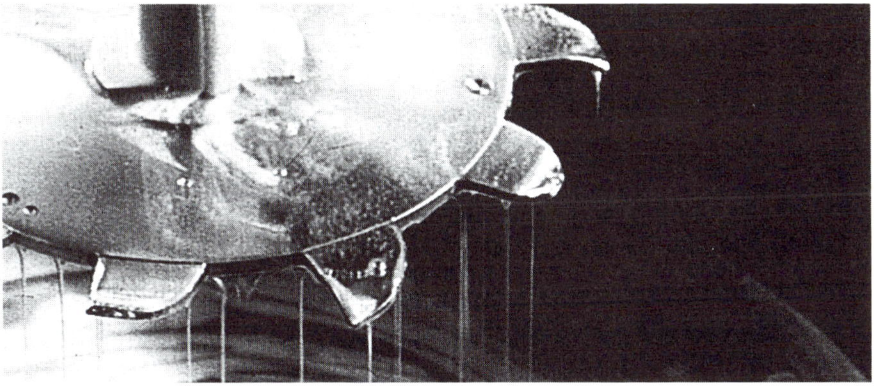

# UHU GmbH

Herrmannstraße 7
77815 Bühl

Telefon 07223/284-0
Telefax 07223/284-500

## Das Unternehmen

**Gründungsjahr**
1905

**Größe der Belegschaft**
ca. 500 Mitarbeiter

**Gesellschafter**
Bolton Developments B.V., Niederlande

**Tochterfirmen**
UHU UK Ltd., Isleworth, Middlesex (GB)
UHU France S.A.R.L., Courbevoie (F)
UHU España, Valencia (E)
UHU Portuguesa Adesivos, Lda., Lisboa (P)
UHU Hellas Ltd., Athen (GR)
UHU Austria Ges.m.b.H., Wien (A)
UHU Schweiz AG, Schönenwerd (CH)
UHU Kleje Polska Sp. Z.O.O., Warszawa (PL)
UHU México S.A. de C.V., Puebla (MEX)
UHU Australia Pty. Ltd., Smithfield (AUS)
UHU America, Inc., Readfield, ME (USA)
Sturm Transmar GmbH, Bühl (D)

**Geschäftsführung**
Wilhelm Werhahn

**Ansprechpartner**
Anwendungstechnik: Uwe Geyer
Vertrieb: Heinz-Ludwig Tinkloh

**Vertriebswege**
Papier-, Büro-, Schreibwarenhandel
Baumärkte
Eisenwarenhandel
Tapeten- und Farbenhandel
Kaufhäuser
Modellbaugeschäfte
Lebensmittelhandel

## Das Produktprogramm

**Klebstofftypen**
Schmelzklebstoffe
Reaktionsklebstoffe
lösemittelhaltige Klebstoffe
Dispersionsklebstoffe

**Für Anwendungen im Bereich**
Papier/Verpackung
Elektronik
Textilindustrie
Haushalt, Hobby und Büro

# UHU® = Kleben

Seit über 65 Jahren gilt der Name UHU in deutschen Haushalten als Inbegriff des Klebens. Die meistgekaufte Klebstoffmarke ist nahezu 100% der deutschen Bevölkerung bekannt.

Eine innovative Markenführung und die Abdeckung eines vielschichtigen Bedarfs in Kindergärten, Schulen, Haushalt, Hobby, Handwerk und Büro haben das Angebot auf ca. 60 Produkte anwachsen lassen. Auch im Export hat UHU eine starke Position. Die Marke wird in über 100 Ländern verkauft.

## Im Falle eines Falles – UHU

# UZIN UTZ AG

Dieselstraße 3
89079 Ulm

Telefon 0731/4097-0
Telefax 0731/4097-110
http://www.uzin.de

## Das Unternehmen

**Gesellschaftsform**
Aktiengesellschaft

**Vorsitzender des Vorstands**
Dr. H. Werner Utz

**Mitglieder des Vorstands**
Jürgen Kassel
Dr. Roland Krieger

**Vorsitzender des Aufsichtsrats**
Prof. Dr. Brun-Hagen Hennerkes

**Größe der Belegschaft**
ca. 310 Mitarbeiter (Stand April 1998)

**Umsatz 1997**
ca. 160 Mio. DM

**Vertriebswege**
Bodenbelags-Fachgroßhandel
Parkett-Fachgroßhandel
Fliesen-Fachgroßhandel
Baustoffhandel

**Tochtergesellschaften in**
Frankreich, England, Österreich, Polen, Türkei, Singapur

**Vertriebsbüros in**
Tschechien/Slowakei, Ungarn, Dänemark

**Lizenzpartner und Importeure in**
Belgien, Niederlande, Spanien, Italien, Griechenland, Albanien, Slowenien, Schweiz, Rumänien, Ukraine, Rußland, Island, Norwegen, Schweden

## Das Produktprogramm

**Geschäftsfelder/Produktsparten**
Boden – Parkett – Estrich
mit den Zielgruppen

Bodenleger
Raumausstatter
Maler
Parkettleger
Estrichleger

Fliesen – Estrich
mit den Zielgruppen

Fliesenleger
Natursteinleger
Estrichleger
Säurefliesner

**Produkte**
Klebstoffe
Fliesenverlegewerkstoffe
Spachtelmassen
Grundierungen
Estriche
Renovierungssysteme
Abdichtungssysteme
Dämmunterlagen

# Vianova Resins GmbH

Rheingaustr. 190-196
65203 Wiesbaden

Telefon 0611/962-5345
Telefax 0611/962-9334

## Das Unternehmen

**Gründungsjahr**
1995

**Besitzverhältnisse**
100 % Hoechst AG

**Tochterfirmen**
12 Tochterfirmen im Ausland

**Geschäftsführung:**

Geschäftsführer
Dr. Helmut Strametz

Business Manager
Dr. Gerd Walz

**Ansprechpartner**

Produkt Manager
Gerd Ehli

Forschung und Entwicklung
Ralph Schäfer

**Vertriebswege**
Vianova Resins GmbH, Wiesbaden

## Das Produktprogramm

**Rohstoffe**

**Harze**
Alkylphenolharze
Terpenphenolharze
Kolophoniumharze
aliphatische Polyurethan-Weichmacher

# Vinamul B.V.

Hausanschrift:
De Asselen Kuil 20
NL-6161 RD Geleen

Postanschrift:
Postbus 250
NL-6190 Beek

**deutsche Service-Rufnummern:**
Telefon 0130/811830
Telefax 0130/817651

## Das Unternehmen

**Gründungsjahr**
1939

**Größe der Belegschaft**
300 Beschäftigte in Europa

**Gesellschafter**
ICI-Gruppe

**Produktionsstandorte**
Geleen/Niederlande
Warrington/Großbritannien

**Geschäftsführung**
Thomas Kleimann

**Spartenleitung Klebrohstoffe**
Jelle Westerterp

**Verkaufsleitung**
Jens Michahelles

**Leiter Anwendungstechnik**
Hans-Uwe Faust

## Das Produktprogramm

**Rohstoffe**
Polymere (wäßrige Dispersionen):
Vinylacetat-/Ethylen-Copolymere
andere Vinylacetat-Copolymere
Vinylacetat-Homopolymere
Acrylat-Copolymere

VINAMUL – IHR PARTNER
FÜR DISPERSIONEN

# Wacker-Chemie GmbH

Hanns-Seidel-Platz 4
81737 München

Telefon 089/6279-01
Telefax 089/6279-1772

## Das Unternehmen

**Gründungsjahr**
1914

**Größe der Belegschaft**
15.000 Mitarbeiter weltweit

**Gesellschafter**
Hoechst AG, Frankfurt/Main
Dr. Alexander Wacker
Familiengesellschaft mbH, München

**Besitzverhältnisse**
Gesellschafter seit 1921 mit je 50 % Anteil

**Stammkapital**
500 Millionen DM

**Teilkonzern Inland**
Tochter- und Beteiligungsunternehmen
14

**Verkaufsregionen**
Düsseldorf
Stuttgart

**Produktionsstätten**
7

**Teilkonzern Ausland**
Tochter-, Beteiligungsgesellschaften und
Verkaufsbüros Ausland:
44

**Produktionsstätten**
10

## Das Produktprogramm

- Vinylacetat-Polymere, Grundstoffe, Katalysatoren und Spezialchemikalien
- Silicone, Silane, Kieselsäuren, Wärmedämmstoffe
- Reinstsilicium für Halbleiter-Bauelemente
- Siliciumcarbid, Ingenieurkeramik,
- Borverbindungen und Oberflächenveredelung

# Wakol-Chemie GmbH

Bottenbacher Straße 30
66954 Pirmasens

Telefon 06331/8001-0
Telefax 06331/8001-890
Internet http://www.wakol. com

## Das Unternehmen

**Gründungsjahr**
1934

**Größe der Belegschaft**
125 Mitarbeiter

**Gesellschafter**
Heidi Groß
Heinz-Dieter Groß
Christel Wieland

**Stammkapital**
2 Millionen DM

**Tochterfirmen**
Wakol-Chemie GmbH, A-6841 Mäder

**Geschäftsführung**
Heinz-Dieter Groß
Dr. Götz Hillert

**Vertriebswege**
Direktvertrieb
Fachhandel

## Das Produktprogramm

**Klebstofftypen**
Reaktionsklebstoffe
Lösemittelhaltige Klebstoffe
Dispersionsklebstoffe
Haftklebstoffe

**Für Anwendungen im Bereich**
Baugewerbe (Fußboden, Wand, Decke)
Automobil- und Automobilzulieferindustrie
Bauzulieferindustrie
Papier- und Verpackungsindustrie
Schaumstoffverarbeitende Industrie
Schuhindustrie
Textilindustrie

**Weitere Produkte**
Compounds für die Emballagenindustrie

# Weiss

## Chemie + Technik GmbH & Co. KG

Hansastraße 2
35708 Haiger

Telefon 02773/815-0
Telefax 02773/815-200

## Das Unternehmen

**Gründungsjahr**
1815

**Größe der Belegschaft**
130 Mitarbeiter

**Gesellschafter**
WBV – Weiss Beteiligungs- und Verwaltungs GmbH

**Stammkapital**
550.000 DM

**Besitzverhältnisse**
Familiengesellschafter

**Geschäftsführung**
Ralf Rüdiger Weiss

**Ansprechpartner**

Leitung Vertrieb
Ulrich Kaufmann (Prokurist)

Technische Leitung
Franz Diehlmann

Leitung Anwendungstechnik
Ralf Jäger

**Vertriebswege**
Industrie und Handwerk
Fachgroßhändler

## Das Produktprogramm

**Klebstofftypen**
lösemittelhaltige Klebstoffe
Reaktionsklebstoffe
Dispersionsklebstoffe
Schmelzklebstoffe
Haftklebstoffe
Spezialreiniger

**Für Anwendungen im Bereich**
Fenster- und Türenindustrie (Kunststoff, Metall, Holz)
Holz-/Möbelindustrie
Fahrzeug-, Luftfahrtindustrie
Haushalt, Hobby, Büro
Baugewerbe, inkl. Fußboden, Wand und Decke
Elektronik
Papier/Verpackung

# Wetzel GmbH & Co. KG

Hohe Warth 15-21
32052 Herford

Telefon 05221/7701-0
Telefax 05221/71546

## Das Unternehmen

**Gründungsjahr**
1930

**Größe der Belegschaft**
79 Mitarbeiter

**Gesellschafter**
Familienbesitz

**Geschäftsführung**

Geschäftsführer
Hans Egon Heck

Prokuristen
Wolfgang Zaborowski
Lothar Weiß

**Ansprechpartner**

Entwicklung Papierklebstoffe
Herr Ali

Entwicklung Holzklebstoffe
Herr Alter

Vertriebsleiter Papierklebstoffe
Herr Zaborowski

Vertriebsleiter Holzklebstoffe
Herr Schneider

**Vertriebswege**
Industrie
Handel

## Das Produktprogramm

**Klebstofftypen**
Schmelzklebstoffe
Dispersionsklebstoffe
Haftklebstoffe

**Für Anwendungen im Bereich**
Papier/Verpackung
Buchbinderei/Graphisches Gewerbe
Holz-/Möbelindustrie
Klebebänder, Etiketten

**Weitere Informationen**
Vertriebsstelle der BASF für Kaurit-, Kauramin und Kauresin-Leime im Bereich der Holzverarbeitung und Möbelindustrie

# Wilbra-Chemie GmbH

Harzweg 12
06484 Quedlinburg

Telefon 03946/4048
Telefax 03946/4047

## Das Unternehmen

**Gründungsjahr**
1874

**Gesellschafter**
verschiedene

**Stammkapital**
50.000 DM

**Weitere Informationen**
Klebstoffproduktion seit 1965
1972 verstaatlicht
1993 reprivatisiert

**Geschäftsführung**

Geschäftsführer
Dipl.-Ing. Lutz Richter

Prokurist
Dipl.-Chem. Bernd Decomain

**Ansprechpartner**

Anwendungstechnische Beratung
Bernd Decomain
Annette Kinsky
Barbara Sachse

Vertrieb
Wieland Liebusch
Axel Richter

## Das Produktprogramm

**Klebstofftypen**
Dispersionsklebstoffe

**Für Anwendungen im Bereich**
Papier/Verpackung
Buchbinderei/Graphisches Gewerbe
Holz-/Möbelindustrie
Baugewerbe, inkl. Fußboden, Wand und Decke
Haushalt, Hobby und Büro

# Witco

## OrganoSilicones

7, rue du Pré-Bouvier
CH-1217 Meyrin (Geneva)
Switzerland
Telefon +41/22/9892151
Telefax +41/22/9892393
Teletext 418901 osi ch

## Das Unternehmen

OSI Specialities ging als ehemalige Organische Silikongruppe aus der Union Carbide Inc., USA, hervor. Seit Oktober 1995 ist OSI Specialities eine 100%ige Tochter der Witco Corp., USA.

Witco ist Hersteller von organofunktionellen Silanen, die als Haftvermittler/Vernetzer/Processing Aids neben Dicht- und Klebstoffen in vielen anderen Anwendungen zum Einsatz kommen.

### Ansprechpartner

Witco Surfactants GmbH
OrganoSilicones Group
Industriegebiet West
Max-Wolf-Straße 7
D-36396 Steinau an der Straße
Telefon 06663/540
Telefax 06663/54330

Witco (Europe) S.A.
OrganoSilicones Group
Europäischer Hauptsitz und Zentrallabor
7, rue du Pré-Bouvier
CH-1217 Meyrin (Geneva)
Telefon +41/22/989.2111
Telefax +41/22/989.2393

## Das Produktprogramm

Die Produkte werden als Haftvermittler/Vernetzer in den folgenden Klebstoffen eingesetzt:

Schmelzklebstoffe
Reaktionsklebstoffe
Haftklebstoffe

### Für Anwendungen im Bereich

Buchbinderei
Holz-/Möbelindustrie
Baugewerbe
Maschinen
Fahrzeug-, Luftfahrtindustrie

### Rohstoffe

Additive (Haftvermittler/Vernetzer)

# ZELU Chemie

## Chemische Fabrik Zeh GmbH

Robert-Bosch-Straße 8
71711 Murr

Telefon 07144/8257-0
Telefax 07144/8257-30

## Das Unternehmen

**Gründungsjahr**
1889

**Größe der Belegschaft**
50 Mitarbeiter

**Gesellschafter**
Dr. Rolf Zeh
Heidi Zeh
Gabriele Weser

**Stammkapital**
100.000 DM

**Geschäftsführung**
Dr. Rolf Zeh
Dipl.-Chem. Günter Keller

**Ansprechpartner**

Forschung und Entwicklung
Dr. Erkurt Ilter

Anwendungstechnik Klebstoffe
Melanie Lorenz

Vertrieb
Dipl. Kfm. Wolfram Proksch
Stephanie Panterott
Daniela Grösser

**Vertriebswege**
Direktvertrieb
Handelsvertretungen in Deutschland, Frankreich, Benelux, Türkei, Polen, Tschechien, Slowenien

## Das Produktprogramm

**Klebstofftypen**
lösemittelhaltige Klebstoffe auf Rohstoffbasis SBS, CR, Polyurethane
Dispersionsklebstoffe
Haftklebstoffe/Latex-Klebstoffe
Epoxidsysteme
2K-PU-Klebstoffe
Schmelzklebstoffe

**Für Anwendungen im Bereich**
Polstermöbel, Bürostuhl- und Matratzenindustrie
Automobil- und Zulieferindustrie
Textilindustrie, Schuhindustrie
Lederindustrie

**Weitere Produkte**

Zweikomponenten Polyurethanschaum- und Gießsysteme für die Bürostuhl-, Polstermöbel-, Bau- und Fahrzeugindustrie

Anwendungsbeispiele
Kopfstützen, Luftfilter, Seitenaufprallschutz, Instrumententafel, Armlehnen, Energieabsorptionsschaum, Knieschoner, Gehäuseteile, Türornamente, Sitz- und Lehnenschaum

# ZIKA

Benzstraße 24
72793 Pfullingen

## chem. Fabrik L. Zimmermann GmbH + Co.

Telefon 07121/97600
Telefax 07121/976030

## Das Unternehmen

**Gründungsjahr**
1931

**Gesellschafter**
Dr. Wilhelm Eib
Brunhilde Eib

**Besitzverhältnisse**
Eigentum: Betriebsanwesen
Benzstr. 24 und Siemensstraße

**Geschäftsführung**
Dipl. Phys. Dr. Wilhelm Eib

**Anwendungstechnik und Vertrieb**

Prokurist
Wolfgang Pfenninger
Telefon 07121/9760-20

Verkaufsleiter
Andreas Felder
Telefon 07121/9760-10

**Vertriebswege**
Reisende
Handelsvertreter
Konsignationslager

## Das Produktprogramm

**Klebstofftypen**
Schmelzklebstoffe
lösemittelhaltige Klebstoffe
Dispersionsklebstoffe
Pflanzliche Klebstoffe, Dextrin- und Stärkeklebstoffe
Haftklebstoffe

**Für Anwendungen im Bereich**
Papier/Verpackung
Buchbinderei/Graphisches Gewerbe
Holz-/Möbelindustrie
Elektronik

# Firmenprofile

# Geräte- und Anlagen-
hersteller
Dienstleistungen

# BeA Deutschland

## Befestigungstechnik GmbH

Bogenstr. 43-45
22926 Ahrensburg

Telefon 04102/78-0
Telefax 04102/78-250

## Das Unternehmen

**Gründungsjahr**
1992

**Größe der Belegschaft**
150 Mitarbeiter

**Gesellschafter**
Joh. Friedrich Behrens AG

**Besitzverhältnisse**
100 % bei der Joh. Friedrich Behrens AG

**Ansprechpartner**
Geschäftsführung:
Tobias Fischer-Zernin
Karl-Heinz Krey

**Anwendungstechnik und Vertrieb**
Rainer Bigus

**Vertriebswege**
In der BRD direkt über den Industrieaußendienst.
Weltweit über die Beteiligungsgesellschaften und Vertragspartner.

**Weitere Informationen**
Autorisierter Händler für Slautterback Klebstoffauftragsanlagen

## Das Produktprogramm

**Schmelzklebetechnik**
- handgeführte Geräte für 12 und 43 mm Sticks
- Klebstoffauftragsanlagen Typ Slautterback für Kissen, Granulate, Tafeln oder Blöcke
- Schmelzklebstoffe

**Druckluftnagler für magazinierte Befestigungsmittel**
- Klammer- und Kombinagler
- Senkkopf-, Stift- und T-Nagler
- Coil-, Streifen und Dachpappnagler
- Anbaunagler und selbstladende Geräte
- Stationäre Druckluftnagler
- Klammern, Nägel, Stifte, spezielle Befestigungsmittel
- Kompressoren und Druckluftzubehör

# GLT

# Gesellschaft für Löttechnik mbH

Rennfeldstraße 18
75173 Pforzheim

Telefon 49-7231/9209-0
Telefax 49-7231/9209-39
E-mail gltpforzh@t-online-de

## Das Unternehmen

### Gründungsjahr

1971

### Handelsregister

Pforzheim HRB 514

### Größe der Belegschaft

50 Mitarbeiter

### Stammkapital

1.200.000 DM

### Eigentümer

geschäftsführender Hauptgesellschafter
Manfred Keck

geschäftsführender Gesellschafter
Roland Keck

### Ansprechpartner

Geschäftsleitung technisch
Manfred Keck
Geschäftsleitung kaufmännisch
Roland Keck
Vertrieb Dosiergeräte/Dosierventile
Bernd Flachsmann
Vertrieb automatische Dosiersysteme
Hans Georg Mayer
Vertrieb Lotpasten
Christian Koch

### Tätigkeitsbereich

In Deutschland führend im Bereich der Dosiertechnik von Pasten und Flüssigkeiten, vorzugsweise für die Elektro- und Elektronikindustrie und artverwandte Bereiche. Der Aufgabenbereich liegt in der „dosierten" Auftragung oder dem Einfüllen, sowohl manuell, halb- oder vollautomatisch, von Materialien wie Epoxies, Farben, Flußmittel, Hart- und Weichlotpasten, Kleber u.a. UV-Kleber, Cyanoacrylat, RTV's, Schmiermittel wie Fett oder Öl, usw.

GLT legt größten Wert darauf, daß es sich nicht nur um eine reine Vertriebsfirma handelt, sondern mit mehr als 12 Außendienstmitarbeitern und 4 Service-Ingenieuren eine Kundenunterstützung von der Planung über den Einsatz bis zum „After-Sales-Service" erfolgt und gewährleistet ist.

## Das Produktprogramm

Dosiergeräte/Dosierventile
Ventil-Dosiersysteme
Exklusivverteter von EFD, East Providence/ USA in Dosiergeräten, Dosierventilen und Dosierzubehör wie Kartuschen, Adapter Dosiernadeln etc., eine Kooperation über mehr als 20 Jahre

### Halb- und vollautomatische Dosiersysteme

In enger Zusammenarbeit mit dem Kunden werden anwenderspezifische Lösungen erarbeitet unter Einsatz von jahrzehntelanger Erfahrung,
Kooperation mit den Zulieferern wie ASYMTEK und EFD und erfahrenen „schwäbischen" Maschinenbauern, vom einfachen Handarbeitsplatz bis zur vollautomatischen integrierbaren SMT-Linie, stets unter der Vorgabe intelligenter Dosierlösungen, Kostenreduzierung, Zuverlässigkeit und Kundennähe. Unter dieser Perspektive entstanden In-Line-Dosiersysteme für Weichlotpasten, sehr diffizile Auftragungssysteme für Flußmittel, komplexe Befettungsanlagen, aber auch einfache, kostengünstige Dosiersysteme für anaerobe Dichtmittel.

### Weichlotpasten

Ein sehr umfangreiches Programm an Weichlotpasten für die SMT, aber auch für Bereiche außerhalb der Elektronik. Eine ideale Kombination mit dem Know-how der Dosiertechnik, verbunden mit der Problematik der Dosierung von Weichlotpasten. GLT kann sich mit Recht als führend in der Technik von dosierfähigen Weichlotpasten bezeichnen, die Kombination von Lotpasten und Auftragstechnik ist vorhanden und dem Anwenderbereich zugänglich. Die Weichlotpasten sind im allgemeinen Sn/Pb-basierend, die Variationen mit Bi und Ag sind geläufig und entsprechend lieferbar. Der Anwendungsbereich in der Formulierung deckt die Applikationen von Dosieren, Sieb- und Schablonendruck ab. Flußmittel sind erhältlich in R, RMA, RA, NoClean und wasserlöslich, Körnungen der Metallpartikel sind für Standard, Fine Pitch und Super Fine Pitch lieferbar, die Verpackungen sind anwenderfreundlich von Kartuschen der verschiedensten Größen über umweltfreundliche Zinn-Dosen bis zu Beutelverpackungen.

### Weichlotpasten

Als ein verwandter Bereich der Dosiertechnik führt GLT ein sehr umfangreiches Programm an statischen Mischern für das Dosieren und Mischen von Zwei-Komponenten-Material. Dieser Bereich wird ergänzt durch Kartuschen für Kleinmengenverarbeitung, Misch- und Dosierpistolen der verschiedensten Kombinationen und Größen.

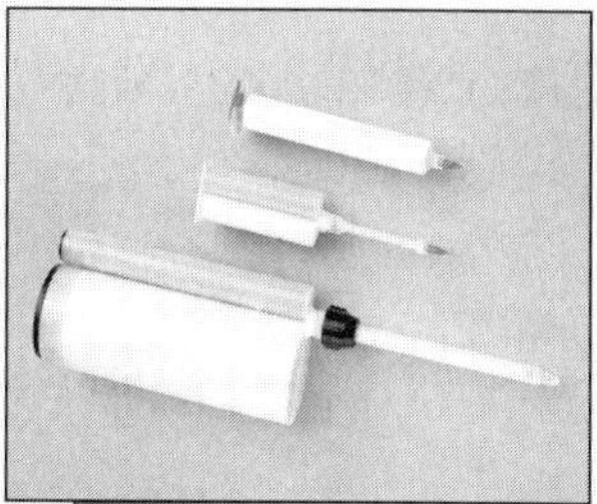

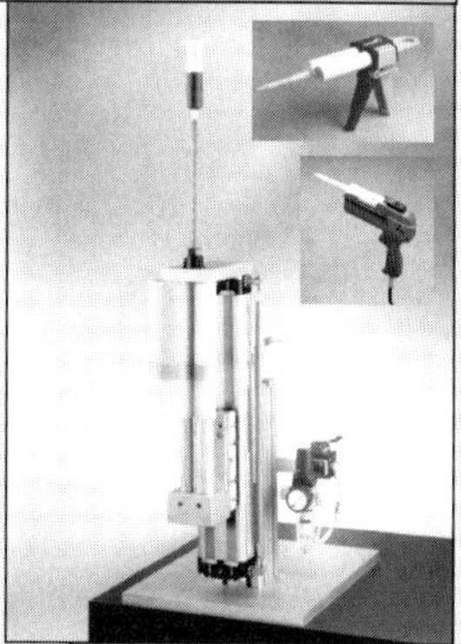

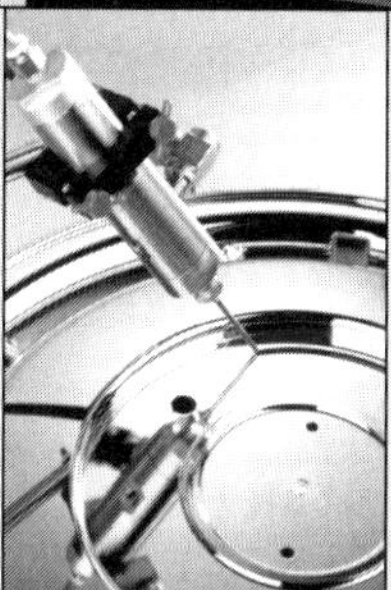

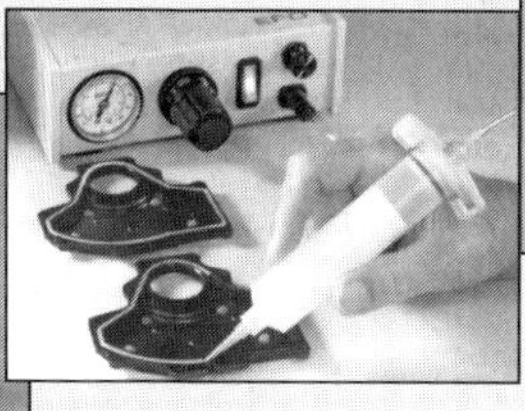

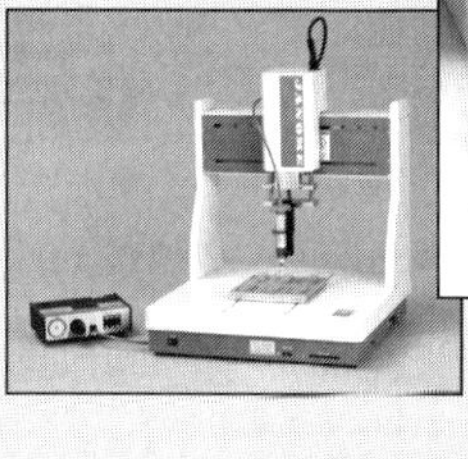

# Hilger u. Kern GmbH

## Industrietechnik

Käfertaler Straße 253
68167 Mannheim

Telefon 0621/3705-0
Telefax 0202/334386

## Das Unternehmen

**Gründungsjahr**
1927

**Größe der Belegschaft**
200 Mitarbeiter

**Gesellschafter**
Dipl-Kfm. Reiner Kern
Marianne Schmitthelm
Frank-Joachim Kern
Sven Kern
Daniela Kern

**Stammkapital**
5 Millionen DM

**Besitzverhältnisse**
Reiner Kern 40%
Marianne Schmitthelm 45%
Daniela Kern 5%
Frank-Joachim Kern 5%
Sven Kern 5%

**Tochterfirmen**
DOPAG CH-Cham,
DOPAG S.A.R.L.,
F-Valence

**Vertriebswege**
Eigene Vertriebsorganisation mit flächendeckender Marktbearbeitung über Außenstellen in Dresden, Hannover, Gladbeck, Tübingen, Nürnberg

**Ansprechpartner**
Geschäftsführung:
Dipl.-Kfm. Reiner Kern

**Anwendungstechnik:**
Dr. Karl-Heinz Lachmann
Vertrieb: Lothar Buchholz

## Das Produktprogramm

**Dosiertechnik**
Applikationssyssteme für flüssige bis pastöse 1K-Medien
Dosier- und Mischanlagen
Dosierpumpen für nieder-, mittel- und hochviskose Medien
Dosierpumpen für LSR (Liquid Silicon Rubber)
Maschinen zur Verarbeitung von 2K-Medien insbesondere 2K-Klebstoffe (auch lösemittelfrei)
Reaktionsgießmaschinen und -anlagen
Zwei- und Mehrkomponenten Dosiergeräte

**Weitere Sparten**
Antriebstechnik
Industrieelektronik
Spritztechnik

DOPAG

# ITW Dynatec

Klebetechnik
Europazentrale
Industriestraße 28
D-40822 Mettmann
Telefon 02104/915-0
Telefax 02104/915-111

## Das Unternehmen

### Gründungsjahr
1992

### Größe der Belegschaft
über 240 Mitarbeiter weltweit

### Gesellschafter
ITW (Illinois Tools Works, USA)

### Vertriebswege
Außendienstmitarbeiter,
Niederlassungen und Distributoren

### Geschäftsführung
Dipl.-Kfm. Peter Winter

### Ansprechpartner
Vertrieb Deutschland:
Franz Funk (Prokurist)
Export:
Badr Moudden
Marketing Europa:
Guido Hesse (Prokurist)
Technik:
Werner Gamper, Andreas Krappweis,
Markus Trabelsi

### Weitere Informationen
Entwicklung und Produktion in Mettmann, Deutschland und Hendersonville, USA. Großes Technologie-Center von ITW in Chicago, USA. Kundenorientierte Komplettlösungen für die verschiedensten Anwendungsbereiche

### Markennamen
DynaMelt S, DynaMelt M, DynaMini, DynaControl, DynaFlex, DynaCold, DynaFeeder, Dyna UFD, Dyna BF, Convert-a-drum, DynaDrum

## Das Produktprogramm

Klebstoffauftragstechnik für Kalt- und Heißleim-Systeme und Anlagen zum Auftrag von Klebstoffen oder anderen flüssigen Materialien mittels Tankgeräten, Pumpen, Förderanlagen, beheizten Materialschläuchen, Handpistolen, umfangreicher Palette an Auftragsköpfen, Düsen, Steuerungen.

**Tätigkeitsgebiete mit Anwendungsbeispielen:**

**Verpackungsanwendungen**
Faltschachtelseitennahtverleimung, Faltschachtelverschluß mit Ober-/Unterverleimung, Verklebung von Wellpappe und Kartonverpackungen, Displayherstellung, kombinierte Verklebung mit Kalt- und Heißleim (z.B. Frostware), Papiereinschlag, Sackverklebung

**NonWoven**
Windelverklebung (Baby, Inkontinenz), Damenhygiene (Damenbinden, Slipeinlagen), Krankenunterlagen, Medizinalprodukte, Papiertücher, Toilettenpapier, Agrarprodukte, Filterherstellung (Auto-, Raum-, Klima-, Industriefilter), allgemeine Vliesstoffverarbeitung

**Beschichtung**
Beschichtung/Kaschierung unterschiedlichster Materialien wie Papier, Folie, Metall, Holz, Schaumstoff, Textil, Gewebe usw.

**Graphische Industrie**
Geschäfts-, Briefvordrucke, Mailingeinklebung, Karteneinklebung, Buchbeleimung

**Papierverarbeitung**
Briefumschläge, Filter, Etiketten, Kaschierung, Zigaretten-, Zigarettenhülsenherstellung

**Montageanwendungen**
Haushaltsgeräte, Elektronikprodukte, Holzelemente, Automobilzulieferindustrie, Baustoffindustrie

Heißleimgeräte von 5 bis 225 kg, Faßschmelzer und Faßentladeanlagen, Kaltleimfördereinheiten, Auftragsköpfe in modularer Bauweise und den unterschiedlichsten Bauarbeiten für Raupen-, Flächen-, Fiber-, Spiralsprüh- und Punktauftrag, verschiedene Handpistolen usw. Kundenorientierte Sonderlösungen .

# Nordson Deutschland GmbH

Heinrich-Hertz-Str. 42
40699 Erkrath

Telefon 0211/9205-0
Telefax 0211/254658

## Das Unternehmen

### Gründungsjahr
1967

### Größe der Belegschaft
150 Mitarbeiter

### Gesellschafter
Nordson Corporation, USA

### Ansprechpartner

Geschäftsführung
Michael Groos, Axel Wenz

**Vertrieb**
Gesamtverkaufsleitung Hot Melt:
Ulrich Bender
Betreuung OEMs und Key Accounts:
Klaus Neubecker
Verpackungs-/Montageanwendungen:
Ralph Göhlert
Industrielle Anwendungen:
Hans-Jürgen Pflaum
CoreCoating: Georg Gillessen
Kaltleimanwendungen: Ulrich Bender
Nonwoven: Jochen Witte
Pulver- und Naßlackbeschichtung:
Uwe Weidauer

### Vertriebswege
Durch Außendienstmitarbeiter der Nordson Deutschland GmbH

### Weitere Informationen
Entwicklungszentren und Produktionsstätten (ISO-zertifiziert) in den USA und Europa, über 3600 Mitarbeiter, Niederlassungen auf allen Kontinenten. In Zusammenarbeit mit dem Kunden entwickelt Nordson Komplettlösungen mit integrierten Systemen und aufeinander abgestimmten Komponenten, die mit den Anforderungen der Kunden mitwachsen.

## Das Produktprogramm

Anlagen und Systeme zur Applikation von Kleb- und Dichtstoffen und zur Oberflächenbeschichtung mit Lacken, anderem flüssigen Material oder Pulver. Maßgeschneiderte Komplettlösungen für die verschiedensten Anwendungsbereiche.
Nordson Anlagen können in vorhandene Anlagen integriert werden.

### Verpackungs- und Montageanwendungen
Komplette Klebstoffauftragssysteme (Hot Melt/Kaltleim) zur Ausrüstung von Verpackungslinien. Im Bereich Montageanwendungen optimiert Nordson Fertigungsprozesse in vielen verschiedenen Industriezweigen.

### Industrielle Anwendungen
- Kleb- und Dichtstoffanwendungen für unterschiedlichste Industriebereiche z.B. Filterverklebung, Abdichten von Fahrzeugrückleuchten und Matratzenverklebung.
- Abdichten von Steckern und Bauteilen zum Schutz vor Feuchtigkeit, Hitze, Kälte, Staub und mechanischer Beanspruchung
- Holzverarbeitung, z.B. Profilummantelung, Kantenanleimung und Postforming

### Nonwoven
Nonwoven (Maßgeschneiderte Anlagen zum Auftragen von Klebstoff und superabsorbierendem Pulver zur Herstellung von Babywindeln, Slipeinlagen, Damenbinden und Inkontinenzartikeln)

### Core Coating
Systeme zum Beschichten und Kaschieren von Papier, Metallen, Kunststoffen, Schaumstoffen, Textilien, Geweben, Filzen oder auch Teppichen.

### Liquid & Powder
Anlagen und Systeme zur Oberflächenbeschichtung mit Lacken, anderen flüssigen Materialien und Pulver.

### Container
Anlagen und Systeme zur Beschichtung und Kennzeichnung von Dosen, Containern und anderen Behältnissen.

### Electronics
Automatische Beschichtungs- und Dosieranlagen für die Elektronikindustrie zur präzisen Applikation von Klebstoffen, Vergußmassen, Lötpasten, Flußmitteln, Schutzlacken etc.

**oas**

Linzer Straße 7
28359 Bremen

## O. A. Schwimmbeck GmbH

Telefon 0421/2206-0
Telefax 0421/2206-100

# Das Unternehmen

**Gründungsjahr**
1982

**Größe der Belegschaft**
ca. 120 Mitarbeiter

**Gesellschafter**
Otto A. Schwimmbeck

**Stammkapital**
TDM 1 000

**Ansprechpartner**
Geschäftsführung:
Otto A. Schwimmbeck
Werner Mayerhauser

**Anwendungstechnik und Vertrieb**
Thomas Daszenies
Uwe Heidbreder

**Tochterfirma**
oas O.A. Schwimmbeck GmbH
Niederlassung Augsburg
Welserstr. 9+11
86368 Gersthofen

**Vertriebswege**
Regionale Vertriebs-/Servicestützpunkte in Salzhemmendorf, Berlin, Erfurt und Hagen

# Das Produktprogramm

**oas** plant und liefert für die Klebstoffindustrie Komplett- und Teilanlagen für die Bereiche:

Tanklager und Feststoffsilierung
Materialförderung
Dosier- und Wägetechnik
Mischanlagen

## Unsere Produkte

**Steuerungstechnik**
Anlagenrechner zur chargenorientierten Rezeptabarbeitung (Windows NT, UNIX und DOS)
Visualisierungssysteme
SPS-Hard- und -Software
Schaltanlagenbau
Netzwerke
Bedienen und Beobachten im Ex-Bereich
Dosiersteuerungen und Wägetechnik

**Maschinenbau**
Schüttguthandling (Silierung, Big-Bag-Handling, Rohstofförderung etc.)
Dosier- und Wägetechnik
pneumatische Fördersysteme
Integration von Maschinenbaukomponenten namhafter Hersteller

**Individuelle Sonderlösungen**
gravimetrische Dosierung, Beschickung der Mischer- und Knetersysteme
schwingungsresistente Wiegesysteme
Sonderkonstruktionen nach Kundenanforderungen

# Robatech AG

Weyermühlestrasse 19
CH-5630 Muri/Schweiz

Telefon +41/56 675 77 00
Telefax +41/56 675 77 01

## Das Unternehmen

**Gründungsjahr**
1975

**Größe der Belegschaft**
über 130 Mitarbeiter weltweit

**Gesellschafter**
Robatech AG, CH-5630 Muri, Schweiz

**Besitzverhältnisse**
Robatech AG, CH-5630 Muri, Schweiz

**Tochterfirmen**
**Tochtergesellschaft in Deutschland:**
Robatech GmbH, Im Gründchen 2,
65520 Bad Camberg
Tel. (06434) 94110, Fax (06434) 941122
Vertreten in über 30 Ländern weltweit;
Steinmeyer GmbH, 65520 Bad Camberg
Tel. (06434) 941160, Fax (06434) 941177

**Vertriebswege**
via Headoffice, Tochtergesellschaften und Agenturen

**Geschäftsführung**
Robatech AG, Schweiz:
Marcel Meyer, Thomas Meyer
Robatech GmbH Deutschland:
Bernd Graballe, Marcel Meyer

**Ansprechpartner**
Anwendungstechnik und Vertrieb
Robatech AG, Schweiz:
Thomas Meyer, Verkaufs-Direktor
Roman Kappeler, Technischer Direktor
Robatech GmbH, Deutschland:
Eberhard Schlicht, Verkaufsleiter

**Weitere Informationen**
Produktionsstätten in Deutschland, Italien und der Schweiz

## Das Produktprogramm

Produktions- bzw. Vertriebsprogramm des Unternehmens:

- Klebstoff-Auftragssysteme mit Kolbenpumpen, Zahnradpumpen und Extruderpumpen für Hotmelt und Dispersionen, inklusive notwendigem Zubehör (Gesamtsystemlösungen)
  - Kleine Heißleimauftragssysteme bis 3 Liter Klebstoff-Tankvolumen
  - Mittlere Heißleimauftragssysteme von 4 bis 20 Liter Klebstoff-Tankvolumen
  - Große Heißleimauftragssysteme von 20 bis 160 Liter Klebstoff-Tankvolumen
  - Heißleimauftragssysteme für PUR-Klebstoffe von 3 bis 30 Liter Klebstoff-Tankvolumen
  - Walzenauftragsgeräte für Beschichtungen mit Klebstoffen
  - Faßschmelzanlagen von 50 bis 200 Liter Klebstoff-Tankvolumen
  - Sondermaschinenbau für Beleimen, Beschichten und Kaschieren

  Auftragsmethoden: Raupenauftrag, Flächenauftrag, Sprühauftrag, Spiralauftrag
- Elektronische Zeitsteuerungen und elektronische Wegsteuerungen
- Kaltleim-Auftragssysteme: Druckbehälter, Pumpen-Systeme

**Robatech bietet für mehrere Industrien Lösungen an:**
Graphische Industrie, Verpackungs-Industrie, Elektronik-Industrie, Bau-Industrie, Non Wovens Industrie, Automobil-Industrie, Kosmetikindustrie, Möbelindustrie, Produkt-Montage, landwirtschaftliche Erzeugnisse

# Ing.-Büro E. Tartler

Zur Quelle 16
64750 Lützelbach/Hgd.

Telefon 06066/1321
Telefax 06066/1408

## Das Unternehmen

**Gründungsjahr**
1981

**Größe der Belegschaft**
1 + 5

**Besitzverhältnisse**
Gesellschaft bürgerlichen Rechts

**Geschäftsführung**
Dipl.-Ing. E. Tartler

**Ansprechpartner**

Anwendungstechnik und Vertrieb:
Udo Tartler, Büro Lützelbach
Telefon 06066/1321
W. Beck, Büro München
Telefon 08141/38006
Piotrowitz, Büro Nord
Telefon 0591/76347

## Das Produktprogramm

Zwei- und mehrkomponentige Dosier- und Mischanlagen zur Verarbeitung von PUR-Vergußmassen, Silikonen und anderen flüssigen Kunstharzen

**Einsatzgebiete**
Luft- und Raumfahrtindustrie
Bausanierung
Automobil-, Boots- und Caravanbau
Modell-, Formen- und Prototypenbau
Elektro- und Möbelindustrie

**Weitere Informationen**

Zum Service gehören die Montage und Inbetriebnahme der jeweiligen Anlagen sowie die intensive Schulung der Betreiber. Weitere Schwerpunkte sind Maschinenversuche, Modifikationen der Verarbeitungsanlagen bis hin zur Entwicklung neuer Verarbeitungstechniken und die Erschließung neuer Anwendungsbereiche.

# TC-Kleben GmbH

## NRW Technologie-Centrum Kleben

Carlstraße 50
52531 Übach-Palenberg

Telefon 02451/971200
Telefax 02451/971210
www.agit.de/Transfer/kleben.htm

## Das Unternehmen

**Gründungsjahr**
1996

**Größe der Belegschaft**
5 Mitarbeiter

**Gesellschafter**
Stadt Übach-Palenberg
DVS Deutscher Verband für Schweißen und verwandte Verfahren e.V.
Handwerkskammer zu Aachen
Prof. Dr.-Ing. Ulrich Dilthey
Dr.-Ing. Annette Brandenburg
ISF e.V.

**Stammkapital**
DM 50 000,–

**Geschäftsführer**
Prof. Dr.-Ing. Ulrich Dilthey

**Ansprechpartner**
Leiter des TC-Kleben:
Manfred Peschka

**Weitere Informationen**
Klebtechnische Lehranstalt nach Richtlinie DVS® 3308

## Das Dienstleistungsprogramm

**I Klebtechnische Weiterbildung**
„Klebpraktiker" nach Richtlinie DVS® 3305
„Klebfachkraft" nach Richtlinie DVS® 3301
Inhouse-Seminare

**II Beratung/Entwicklung**
Expertisen
Klebstoffauswahl
Anwendungstechnische Versuche
Oberflächenanalyse
Untersuchungen zur Langzeitstabilität von Klebverbindungen

# WALTHER

## Spritz- und Lackiersysteme GmbH

Kärntner Str. 18-30
42327 Wupeprtal
Telefon 0202/787-0
Telefax 0202/787-217
http://www.walther-pilot.de
E-mail info@walther-pilot

## Das Unternehmen

### Größe der Belegschaft
120 Mitarbeiter

### Niederlassungen
Wuppertal-Vohwinkel/Neunkirchen-Struthütten

### Geschäftsführung
Wilhelm W. Schmidts

### Ansprechpartner

**Inland**
Conrad Pape

**Export**
Siegfried Seifer

**Anwendungstechnik**
Winfried Wiese

### Vertriebswege
eigener Außendienst sowie Vertretungen im gesamten Bundesgebiet
Ausland: Vertretungen

## Das Produktprogramm

WALTHER PILOT-Fertigungsschwerpunkte sind:

- Spritzpistolen
- Druckbehälter für die Materialförderung
- Airless-Geräte und Pumpen
- Absaugsysteme (Be- und Entlüftungsanlagen)

Als Systemanbieter erarbeiten wir zusammen mit den Kunden maßgeschneiderte Komplett-Lösungen, die im Hinblick auf Wirtschaftlichkeit, Anwenderfreundlichkeit und Schonung der Umwelt beste Ergebnisse auf Dauer garantieren.

Allein zur Verarbeitung von Klebstoffen hält WALTHER PILOT 10 unterschiedliche Standard-Spritzpistolenmodelle für Sie bereit.

# Deutsche Gesetzgebung und Vorschriften

# Gefahrstoffrecht

- Gesetz zum Schutz vor gefährlichen Stoffen (Chemikaliengesetz – ChemG)
- Verordnung zum Schutz vor gefährlichen Stoffen (Gefahrstoffverordnung – GefStoffV)
- Verordnung über Prüfnachweise und sonstige Anmelde- und Mitteilungsunterlagen nach dem Chemikaliengesetz (Prüfnachweisverordnung – ChemPrüfV)
- Verordnung über Verbote und Beschränkungen des Inverkehrbringens gefährlicher Stoffe, Zubereitungen und Erzeugnisse nach dem Chemikaliengesetz (Chemikalien-Verbotsverordnung – ChemVerbotsV)
- Verordnung über die Mitteilungspflichten nach §16e des Chemikaliengesetzes zur Vorbeugung und Information bei Vergiftungen (Giftinformationsverordnung – ChemGiftInfoV)
- Gesetz über den Verkehr mit Lebensmitteln, Tabakerzeugnissen, kosmetischen Mitteln und sonstigen Bedarfsgegenständen (Lebensmittel- und Bedarfsgegenständegesetz)
  - Bedarfsgegenständeverordnung
- Technische Regeln für Gefahrstoffe (folgende Auflistung ist nicht vollständig)
  - TRGS 003 Allgemein anerkannte sicherheitstechnische, arbeitsmedizinische und hygienische Regeln
  - TRGS 200 Einstufung und Kennzeichnung von Stoffen und Zubereitungen
  - TRGS 201 Kennzeichnung von Abfällen beim Umgang
  - TRGS 220 Sicherheitsdatenblatt für gefährliche Stoffe und Zubereitungen
  - TRGS 222 Verzeichnis der Gefahrstoffe „Gefahrstoffverzeichnis"
  - TRGS 300 Sicherheitstechnik
  - TRgA 400 Anforderungen an Meßstellen zur Durchführung der Messungen gefährlicher Stoffe in der Luft am Arbeitsplatz
  - TRGS 402 Ermittlung und Beurteilung der Konzentrationen gefährlicher Stoffe in der Luft in Arbeitsbereichen
  - TRGS 403 Bewertung von Stoffgemischen in der Luft am Arbeitsplatz
  - TRGS 404 Bewertung von Kohlenwasserstoffdämpfen in der Luft am Arbeitsplatz (nur kohlenstoff- und wasserstoffhaltig)
  - TRGS 420 Verfahrens- und stoffspezifische Kriterien für die dauerhaft sichere Einhaltung von Luftgrenzwerten
  - TRGS 440 Ermittlung und Beurteilung der Gefährdungen durch Gefahrstoffe am Arbeitsplatz: Vorgehensweise (Ermittlungspflichten)
  - TRGS 507 Oberflächenbehandlung in Räumen und Behältern
  - TRGS 520 Errichtung und Betrieb von Sammelstellen für gefährliche Abfälle in Haushalten, gewerblichen und öffentlichen Einrichtungen
  - TRGS 555 Betriebsanweisung und Unterweisung nach § 20 GefStoffV
  - TRGS 610 Ersatzstoffe, Ersatzverfahren und Verwendungsbeschränkungen für stark lösemittelhaltige Vorstriche und Bodenbelagsklebstoffe
  - TRGS 613 Ersatzstoffe, Ersatzverfahren und Verwendungsbeschränkungen für chromathaltige Zemente und chromathaltige zementhaltige Zubereitungen

- TRGS 614 Verwendungsbeschränkungen für Azofarbstoffe, die in krebserzeugende aromatische Amine gespalten werden können
- TRGS 900 Grenzwerte in der Luft am Arbeitsplatz – MAK- und TRK-Werte
- TRGS 903 Biologische Arbeitsplatztoleranzwerte – BAT-Werte
- TRGS 905 Verzeichnis krebserzeugender, erbgutverändernder und fortpflanzungsgefährdender Stoffe

⇒ Unfallverhütungsvorschriften – Merkblätter der Berufsgenossenschaften (folgende Auflistung ist nicht vollständig)
- M001 Organische Peroxide
- M004 Reizende/Ätzende Stoffe
- M017 Lösemittel
- M023 Polyester- und Epoxidharze
- M038 Tetrahydrofuran
- M039 Fruchtschädigungen – Schutz am Arbeitsplatz
- M040 Chlorkohlenwasserstoffe
- M044 Polyurethan-Herstellung/Isocyanate

- VBG 81 Verarbeiten von Klebstoffen
- VBG 109 Erste Hilfe
- VBG 122 Sicherheitsingenieure und andere Fachkräfte für Arbeitssicherheit
- VBG 126 Müllbeseitigung

## Abfallrecht

⇒ Kreislaufwirtschafts- und Abfallgesetz (KrW-/AbfG)

⇒ Verordnung zur Einführung des europäischen Abfallartenkatalogs (EAK-Verordnung)

⇒ Verordnung zur Bestimmung von besonders überwachungsbedürftigen Abfällen (Bestimmungsverordnung besonders überwachungsbedürftige Abfälle)

⇒ Verordnung zur Bestimmung von überwachungsbedürftigen Abfällen zur Verwertung (Bestimmungsverordnung überwachungsbedürftige Abfälle zur Verwertung)

⇒ Verordnung über Verwertungs- und Beseitigungsnachweise (Nachweisverordnung)

⇒ Verordnung zur Transportgenehmigung (Transportgenehmigungsverordnung)

⇒ Verordnung über Entsorgungsfachbetriebe (Entsorgungsfachbetriebeverordnung)

⇒ Verordnung über Abfallwirtschaftskonzepte und Abfallbilanzen (Abfallwirtschaftskonzept- und Abfallbilanzverordnung)

⇒ Richtlinie für die Tätigkeit und Anerkennung von Entsorgergemeinschaften (Entsorgergemeinschaftenrichtlinie)

⇒ Zweite allgemeine Verwaltungsvorschrift zum Abfallgesetz (TA Abfall)

⇒ Verordnung über die Entsorgung gebrauchter halogenierter Lösemittel (HKWAbfV)

- Verordnung über Betriebsbeauftragte für Abfall
- Verordnung über die Vermeidung von Verpackungsabfällen (Verpackungsverordnung – VerpackV)

## Immissionsschutzrecht

- Gesetz zum Schutz vor schädlichen Umwelteinwirkungen durch Luftverunreinigungen, Geräusche, Erschütterungen und ähnliche Vorgänge (BundesImmissionsschutzgesetz – BImSchG)
- Zweite Verordnung zur Durchführung des Bundes-Immissionsschutzgesetzes (Verordnung zur Emmissionsbegrenzung von leichtflüchtigen Halogenkohlenwasserstoffen – 2. BImSchV)
- Vierte Verordnung zur Durchführung des Bundes-Immissionsschutzgesetzes (Verordnung über genehmigungsbedürftige Anlagen – 4. BImSchV)
- Fünfte Verordnung zur Durchführung des Bundes-Immissionsschutzgesetzes (Verordnung über Immisionsschutz- und Störfallbeauftragte – 5. BImSchV)
- Neunte Verordnung zur Durchführung des Bundes-Immissionsschutzgesetzes (Grundsätze des Genehmigungsverfahrens – 9. BImSchV)
- Elfte Verordnung zur Durchführung des Bundes-Immissionsschutzgesetzes (Emmissionserklärungsverordnung – 11. BImSchV)
- Zwölfte Verordnung zur Durchführung des Bundes-Immissionsschutzgesetzes (Störfallverordnung – 12. BImSchV)
  - Erste allgemeine Verwaltungsvorschrift zur Störfall-Verordnung (1. StörfallVwV)
  - Zweite allgemeine Verwaltungsvorschrift zur Störfall-Verordnung (2. StörfallVwV)
- Siebzehnte Verordnung zur Durchführung des BundesImmissionsschutzgesetzes (Verordnung über Verbrennungsanlagen für Abfälle und ähnliche brennbare Stoffe – 17. BImSchV)
- Erste Allgemeine Verwaltungsvorschrift zum Bundes-Immissionsschutzgesetz (Technische Anleitung zur Reinhaltung der Luft – TA Luft)

## Wasserrecht

- Gesetz zur Ordnung des Wasserhaushalts (Wasserhaushaltsgesetz – WHG)
- Gesetz über Abgaben für das Einleiten von Abwasser in Gewässer (Abwasserabgabengesetz – AbwAG)
- Muster für eine Verordnung über die Genehmigungspflicht / für das Einleiten von Abwasser mit gefährlichen Stoffen / gefährlicher / wassergefährdender / Stoffe in / öffentliche Abwasseranlagen / Sammelkanalisationen (Indirekteinleiterverordnung)

- Verordnung über die Herkunftsbereiche von Abwasser (Abwasserherkunftsverordnung – AbwHerkV)
- Allgemeine Rahmen-Verwaltungsvorschrift über Mindestanforderungen an das Einleiten von Abwasser in Gewässer (Rahmen-AbwasserVwV)

## Lagerrecht

- Verordnung über Anlagen zur Lagerung, Abfüllung und Beförderung brennbarer Flüssigkeiten zu Lande (Verordnung über brennbare Flüssigkeiten – VbF)
- Technische Regeln für brennbare Flüssigkeiten (TRbF)
- Muster-Verordnung über Anlagen zum Umgang mit wassergefährdenden Stoffen und über Fachbetriebe (Muster-VAwS)
- Technische Regeln für Gefahrstoffe
  - TRGS 514 Lagern sehr giftiger und giftiger Stoffe in Verpackungen und ortsbeweglichen Behältern
  - TRGS 515 Lagern brandfördernder Stoffe in Verpackungen und ortsbeweglichen Behältern
- Richtlinie zur Bemessung von Löschwasser-Rückhalteanlagen beim Lagern wassergefährdender Stoffe (LöRüRL)

## Gefahrgut-Transportrecht

- Gesetz über die Beförderung gefährlicher Güter
- Verordnung über die innerstaatliche und grenzüberschreitende Beförderung gefährlicher Güter auf Straßen (Gefahrgutverordnung Straße – GGVS)
- Verordnung über die innerstaatliche und grenzüberschreitende Beförderung gefährlicher Güter mit Eisenbahnen (Gefahrgutverordnung Eisenbahn – GGVE)
- Verordnung über die Beförderung gefährlicher Güter mit Seeschiffen (Gefahrgutverordnung See – GGVSee)
- Verordnung über die Bestellung von Gefahrgutbeauftragten und die Schulung der beauftragten Personen in Unternehmen und Betrieben (Gefahrgutbeauftragtenverordnung – GbV)
- Verordnung über Ausnahmen zur Gefahrgutbeauftragtenverordnung

## Sonstige Rechtsbereiche

- Gesetz über die Umwelthaftung
- Strafgesetzbuch (StGB) – Achtundzwanzigster Abschnitt. Straftaten gegen die Umwelt

- Reichsversicherungsverordnung
  - § 714 Rechte der technischen Aufsichtsbeamten
  - § 1543c Unterstützungspflicht des Unternehmers
- Gesetz zur Regelung des Rechts der Allgemeinen Geschäftsbedingungen (AGB-Gesetz)
- Bürgerliches Gesetzbuch (BGB)
- Handelsgesetzbuch (HGB)
- Gesetz über das Meß- und Eichwesen (Eichgesetz)
- Verordnung über Fertigpackungen (Fertigpackungsverordnung – FPV)
- Gesetz über die Haftung für fehlerhafte Produkte (Produkthaftungsgesetz – ProdHaftG)
- Gesetz gegen Wettbewerbsbeschränkungen
- Warenzeichengesetz
- Zugabeverordnung
- Gesetz gegen den unlauteren Wettbewerb

# Institute und Forschungseinrichtungen

# Klebtechnische Personalqualifizierung

Der erfolgreiche Einsatz der Klebtechnik erfordert aufgrund der vielen zu beachtenden Faktoren und Parametern zwangsläufig eine fundierte Unternehmens- und Mitarbeiterqualifikation. Sie muß auf allen hierarchischen Ebenen erfolgen und ist das wichtigste Werkzeug, das Technologiepotential überhaupt nutzen zu können und Fehler schon in der Entstehung zu erkennen und zu vermeiden. Daher wurde im Technischen Ausschuß (TA) des Deutschen Verbandes für Schweißen und verwandte Verfahren e.V. (DVS) in der Arbeitsgruppe V8 „Klebtechnik" eine inzwischen europaweit anerkannte Personalqualifizierung mit zertifizierendem Abschluß erarbeitet. Sie umfaßt die Ebenen Klebpraktiker/in (40 h), Klebfachkraft (120 h) und Klebfachingenieur/in (in der inhaltlichen Entwicklung von Anfang an als Ziel formuliert). Nach Beendigung der Ausbildung und bestandener Prüfung soll der/die zertifizierte DVS-Klebpraktiker/in im Betrieb in der Lage sein, Arbeitsanweisungen inhaltlich zu verstehen und Klebungen nach Vorgaben selbständig fachgerecht auszuführen. Die zertifizierte DVS-Klebfachkraft ist in der Lage, fachgerecht Klebungen selbständig auszuführen, Auszubildende sowie Klebpraktiker/innen anzuleiten, deren Arbeit zu überwachen, Prozeßparameter zu kontrollieren sowie Unregelmäßigkeiten als Problem zu identifizieren. Die klebtechnische DVS-Personalqualifizierung findet ausschließlich an vom DVS für diese Ausbildung anerkannten Ausbildungsstätten statt.

Parallel zu den nationalen Qualifizierungsaktivitäten und pilotartigen Umsetzungen wurde in der Working Group „Adhesive Bonding" der European Welding Federation (EWF) die europäische Harmonisierung der dargestellten klebtechnischen Ausbildungsaktivitäten abgeschlossen. Die europäische Kooperation wird durch die intensive Zusammenarbeit in transnationalen EU-Projekten erfolgreich gestaltet.

Die nationalen DVS-Lehrgänge (Klebfachkraft und Klebpraktiker/in) werden im IFAM / Europäisches Zentrum für Klebtechnik seit 1994 in Kooperation mit dem DVS umgesetzt.

Zum derzeitigen Zeitpunkt kann gesagt werden, daß sich in Deutschland die klebtechnische Personalqualifizierung entsprechend dem DVS-Modell etabliert:

- Die klebtechnische Personalqualifizierung wird von Unternehmen und Einrichtungen unterschiedlicher Größe genutzt.
- Die Teilnehmer/innen entstammen bis jetzt fast ausschließlich Unternehmen, die bereits die Klebtech-

**Die Teilnehmer/innen für diese Lehrgänge setzen sich bisher aus folgenden Branchen zusammen:**

| | Klebfachkraft | Klebpraktiker |
|---|---|---|
| Sonderfahrzeugbau | 26 % | 49 % |
| F+E | 16 % | 3 % |
| Klebstoffhersteller | 9 % | 4 % |
| Feinwerktechnik | 9 % | 6 % |
| Automobilhersteller | 9 % | 1 % |
| Kunststoffindustrie | 7 % | 15 % |
| Maschinen-/Anlagenbau | 6 % | 8 % |
| Verbände/Kammern | 4 % | — |
| Stahlhersteller | 3 % | 4 % |
| Möbelindustrie | 2 % | — |
| Schiffbau | 2 % | 4 % |
| Flugzeugindustrie | 2 % | 3 % |
| Automobilzulieferer | 1 % | 1 % |
| Sonstige | 3 % | 1 % |

nik einsetzen. Führende Branchen sind dabei der Sonderfahrzeugbau, der FuE-Bereich, die Klebstoffhersteller, die Feinwerktechnik, die Automobilhersteller und die Kunststoffindustrie, also Unternehmen mit einem hohen technologischen Standard.

- Der geringe Anteil von Teilnehmer/innen aus der Luftfahrtindustrie ist auf deren eigenes, luftfahrtspezifisches Qualifizierungssystem zurückzuführen.
- Der geringe Anteil von Teilnehmer/innen der Schiffbauindustrie, der Stahlhersteller und der Automobilzulieferindustrie ist auf deren schwierige Randbedingungen sowie den ausbaufähigen technologischen Standard zurückzuführen.

Die DVS-Klebfachingenieur-Ausbildung soll die umfassendste klebtechnische Qualifizierung werden. Geplant ist die Vermittlung von Inhalten, die zwangsläufig über die anderen Ausbildungsebenen hinausgehen. Ziel ist, den/die DVS-Klebfachingenieur/in in die Lage zu versetzen, in allen betrieblichen Bereichen (Konstruktion, Entwicklung, Fertigung etc.) die Klebtechnik verantwortlich zu vertreten. Dazu wird derzeit in einem Arbeitskreis der DVS-Arbeitsgruppe V8 „Klebtechnik" die Klebfachingenieur-Qualifizierung nach Standards des Deutschen Verbandes für Schweißen und verwandte Verfahren e.V. von Fachleuten der klebstoffanwendenden und klebstoffherstellenden Industrie sowie Vertretern von FuE-Einrichtungen konzipiert. Mit der Durchführung einer ersten Qualifizierungsmaßnahme kann bereits Ende 1999 gerechnet werden.

**Klebtechnische Bildungseinrichtungen** des DVS sind das Klebtechnische Zentrum Fraunhofer-Institut für Angewandte Materialforschung (IFAM) und die Klebtechnische Lehranstalt Technologie-Centrum Kleben (Adressen siehe nachfolgende Auflistung der Institute).

**Bundesforschungsanstalt für Forst- und Holzwirtschaft**
Institut für Holzphysik und mechanische Technologie des Holzes
Leuschnerstraße 13
21031 Hamburg

Leiter:
Prof. Dr. A. Frühwald
Ansprechpartner:
Dr. A. Bernasconi
Telefon: 040/73962-601
Telefax: 040/73962-480
E-Mail: bernasconi@aixh0601.holz uni-hamburg.de

**Deutsches Institut für Bautechnik**
Kolonnenstraße 30 L
10829 Berlin

Ansprechpartner:
Prof. Dr.-Ing. Einsfeld
Telefon: 030/78730-0
Telefax: 030/78730-320
E-Mail: DIBt-Berlin@t-online.de

**Fachhochschule Eberswalde**
Fachbereich Holztechnik
Alfred-Möller-Straße 1
16225 Eberswalde

Leiter bzw. Ansprechpartner:
Prof. Dr. F.-W. Bröker
Telefon: 03334/65532
Telefax: 03334/65531
E-Mail: fbroeker@fh-eberswalde.de

**Fachhochschule München**
Studiengang „Verfahrenstechnik Papier-Kunststoff“
Bereich Klebstoffe und Veredelung
Lothstraße 34
80335 München

Leiter bzw. Ansprechpartner:
Prof. Dr. Knut Nitzl
Telefon: 089/1265-1526
Telefax: 089/1265-1502
E-Mail: nitzl@rz.fh-muenchen.de

**Fogra-Forschungsgesellschaft Druck e.V.**
Streitfeldstraße 19
81673 München

Leiter bzw. Ansprechpartner:
Dipl.-Ing. (FH) P. Stadler
Telefon: 089/43182271
Telefax: 089/43182100
E-Mail: stadler@fogra.org

**Fraunhofer-Institut für Angewandte Materialforschung**
Bereich Klebtechnik und Polymere
Neuer Steindamm 2
28719 Bremen

Leiter bzw. Ansprechpartner:
Prof. Dr. O.-D. Hennemann
Dr. Andreas Groß
Telefon: 0421/63896-35
Telefax: 0421/63896-30
E-Mail: ktinfo@ifam.fhg.de

ab Februar 1999
Wiener Straße 12
28359 Bremen

Telefon: 0421/2246-401
Telefax: 0421/2246-430

**Fraunhofer-Institut für Holzforschung**
Wilhelm-Klauditz-Institut, WKI
Bienroder Weg 54E
38108 Braunschweig

Leiter bzw. Ansprechpartner:
Prof. Dr. Rainer Marutzky
Telefon: 0531/2155-0
Telefax: 0531/351587
E-Mail: info@wki.fhg.de

**i.f.t.**
**Institut für Fenstertechnik**
Theodor-Gietl-Straße 7-9
83026 Rosenheim

Leiter bzw. Ansprechpartner:
Prof. Dipl.-Ing. Josef Schmidt
Telefon: 08031/261-0
Telefax: 08031/261-290
E-Mail: info@ift-rosenheim.de

**Institut für Fügetechnische Fertigungsverfahren GmbH**
Postfach 13 36
86911 Dießen am Ammersee

Leiter bzw. Ansprechpartner:
Dr. Christian Lammel
Telefon: 08807/8085
Telefax: 08807/8084
E-Mail: iff@klebtechnik.de

**Institut für Holzbiologie und Holztechnologie**
Der Georg-August-Universität Göttingen
Büsgenweg 4
37077 Göttingen

Leiter bzw. Ansprechpartner:
Prof. Edmone Roffael
Telefon: 0551/39-3555
Telefax: 0551/39-3543
E-Mail: eroffae1@gwdg.de

**IWB-Anwenderzentrum Augsburg**
Otto-Lindenmeyer-Straße 30B
86153 Augsburg

Leiter bzw. Ansprechpartner:
Dipl.-Ing. J. Gartner
Telefon: 0821/56883-40
Telefax: 0821/56883-50
E-Mail: gt@iwb.mw.tu-muenchen.de

**Naturwissenschaftliches und medizinisches Institut**
Markwiesenstraße 55
72770 Reutlingen

Leiter bzw. Ansprechpartner:
Dr. B. Schröder
Telefon: 07121/51530-11
Telefax: 07121/51530-16
E-Mail: schröder@nmi.de

**NRW Technologie-Centrum Kleben**
**TC-Kleben GmbH**
Carlstraße 50
52531 Übach-Palenberg

Leiter bzw. Ansprechpartner:
Manfred Peschka
Telefon: 02451/971-200
Telefax: 02451/971-210

**Papiertechnische Stiftung PTS**
Heßstraße 134
80797 München

Leiter bzw. Ansprechpartner:
Dr. R. Wilken
Telefon: 089/1214680
Telefax: 089/1236592
E-Mail: rwilken@t-online.de

**Prüf- und Forschungsinstitut für die Schuhherstellung e.V.**
Hans-Sachs-Straße 2
66955 Pirmasens

Leiter bzw. Ansprechpartner:
Dr.-Ing. Gerd-Georg Kwauka
Telefon: 06331/2490-0
Telefax: 0633/2490-60
E-Mail: pfi-ps@t-online.de

**RWTH Aachen**
Lehr- und Forschungsgebiet Klebtechnik
Dennewartstraße 25
52068 Aachen

Leiter bzw. Ansprechpartner:
Univ.-Prof. Dr.-Ing. Klaus Dilger
Telefon: 0241/96327-00
Telefax: 0241/96327-19
E-Mail: mail@klebtechnik.rwth-aachen.de

**Studiengesellschaft Stahlanwendung e.V.**
Sohnstraße 65
40237 Düsseldorf

Leiter bzw. Ansprechpartner:
Dr.-Ing. Richard A. Weber
Telefon: 0211/6707-856
Telefax: 0211/6707-840
E-Mail: stud.ges@stahlforschung.de

**TU Berlin**
Fügetechnik/Beschichtungstechnik
Straße des 17. Juni 135, Sekr. EB5
10623 Berlin

Leiter bzw. Ansprechpartner:
Prof. Dr.-Ing. Dr. h.c. Lutz Dorn
Telefon: 030/314-23364
Telefax: 030/314-23121
E-Mail: ludoidae@mailszrz.zrz
tu-berlin.de

**TU Dresden**
Institut für Produktionstechnik
Professur Fügetechnik
01062 Dresden

Leiter bzw. Ansprechpartner:
Prof. Dr. rer. nat. Dr.-Ing. Horst Kleinert
Telefon: 0351/463-2904
Telefax: 0351/463-7249
E-Mail: kleinert@mciron.mw.tu-dresden.de

**Universität Kaiserslautern – FB MV**
Erwin-Schrödinger-Straße
67653 Kaiserslautern

Leiter bzw. Ansprechpartner:
Prof. Dr.-Ing. Walter Brockmann
Telefon: 0631/205-4065
Telefax: 0631/205-3908
E-Mail: brockmann@mv.uni-kl.de

**Universität-GH Kassel**
Institut für Werkstofftechnik
Verbundwerkstoffe/Werkstoffverbunde
Mönchebergstraße 3
34125 Kassel

Leiter bzw. Ansprechpartner:
Prof. Dr.-Ing. Michael Schlimmer
Dipl.-Ing. K. Reiling
Telefon: 0561/804-3671
Telefax: 0561/804-3672
E-Mail: schlimme@hrz.uni-kassel.de
Reiling@hrz.uni-kassel.de

**Universität-GH Paderborn**
Laboratorium für Werkstoff- u. Fügetechnik
Pohlweg 47–49
33098 Paderborn

Leiter bzw. Ansprechpartner:
Prof. Dr.-Ing. Ortwin Hahn
Dr.-Ing. Gerson Meschut
Telefon: 05251/60-3031 u. -3035
Telefax: 05251/60-3239
E-Mail: jmesc1@lwf.uni-paderborn.de

# Statistische Übersichten

Mit Wirkung vom Januar 1996 wurde eine neue europaeinheitliche Produktionsstatistik (PRODCOM) eingeführt und hat die bis zu diesem Zeitpunkt gültige nationale Statistik ersetzt. Mit dieser Umstellung entfällt die bis 1995 gültige und bewährte Systematik zur Erfassung der Klebstoffproduktionszahlen. Sie wird durch eine neue, ungleich komplexere – auf der Basis der Nomenklatur der Außenhandelsstatistik errichtete Statistik – ersetzt.

Die nachfolgende Übersicht zeigt eine synoptische Gegenüberstellung der bis 1995 gültigen Nomenklatur mit der der ab 1996 gültigen PRODCOM-Statistik.

| **PRODCOM** | | **Prod.-Statistik bis 1995** | |
|---|---|---|---|
| Meldenummer ab 1996 | Bezeichnung der Gütergruppen | Meldenummer bis 1995 | Bezeichnung der Gütergruppen |
| 2462 10 801 | Schmelzklebstoffe > 1 kg | 4918 000 | Schmelzklebstoffe |
| 2462 10 705 | Schmelzklebstoffe < 1 kg | 4918 000 | Schmelzklebstoffe |
| 2462 10 803 | Kautschukklebstoffe > 1 kg | 5929 100 | Kautschukleime |
| 2462 10 805 | Synth. Klebstoffe wasserlöslich in wäßriger Emulsion oder Dispersion > 1 kg | 4917 110 | Synth. Klebstoffe wasserlöslich in wäßriger Emulsion oder Dispersion |
| 2462 10 701 | Synth. Klebstoffe wasserlöslich in wäßriger Emulsion oder Dispersion < 1 kg | 4917 110 | Synth. Klebstoffe wasserlöslich in wäßriger Emulsion oder Dispersion |
| 2462 10 807 | Synth. Klebstoffe in organischen Lösungsmitteln > 1 kg | 4917 130 | Synth. Klebstoffe in organischen Lösungsmitteln |
| 2462 10 703 | Synth. Klebstoffe in organischen Lösungsmitteln < 1 kg | 4917 130 | Synth. Klebstoffe in organischen Lösungsmitteln |
| 2462 10 809 | Andere (ungelöste) synthetische Klebstoffe > 1 kg | 4917 190 | Andere synthetische Klebstoffe (ungelöst) |
| 2462 10 704 | Andere (ungelöste) synthetische Klebstoffe < 1 kg | 4917 190 | Andere synthetische Klebstoffe (ungelöst) |
| 2462 10 130 | Caseinklebstoffe (alle Verpackungsgrößen) > 1 kg | 4913 000 | Kaseinklebstoffe |
| 2462 10 709 | Sonstige Klebstoffe < 1 kg | 4919 000 | Sonstige Klebstoffe |
| 2462 10 900 | Andere zubereitete Leime und Klebstoffe in Gebinden > 1 kg | 4919 000 | Sonstige Klebstoffe |
| 2462 10 701 | Pflanzliche Klebstoffe < 1 kg | 4915 000 | Pflanzliche Klebstoffe, wasserlöslich |
| 2462 10 500 | Leime tierischen Ursprungs (alle Verpackungsgrößen) > 1kg | 4914 000 | Andere Leime tierischen Ursprungs |
| 2462 10 600 | Klebstoffe auf Basis von Stärken / Dextrinen (Pflanzl. Klebstoffe in Gebinden > 1 kg) | 4915 000 | Pflanzliche Klebstoffe, wasserlöslich |
| 2462 52 305 | Polymere des VAc in wäßriger Dispersion, in Primärform – als Klebstoff bestimmt | | |

| PRODCOM | | Prod.-Statistik bis 1995 | |
|---|---|---|---|
| Meldenummer ab 1996 | Bezeichnung der Gütergruppen | Meldenummer bis 1995 | Bezeichnung der Gütergruppen |
| 2416 52 505 | Polymere des VAc in nicht wäßriger Dispersion, in Primärform – als Klebstoff bestimmt | | |
| 2416 52 701 | Polyvinylalkohole – als Klebstoff bestimmt | | |
| 2462 52 705 | Polymere anderer Vinylester; andere Vinylpolymere – als Klebstoff bestimmt | | |
| 2416 53 575 | Polymethylmethacrylat, in Primärform – als Klebstoff bestimmt < 1 kg | | |
| 2416 53 975 | Andere Acrylpolymere – als Klebstoff bestimmt | | |
| 2416 56 705 | Polyurethane, in Primärform – als Klebstoff bestimmt | | |
| 2416 40 705 | Ungesättigte flüssige Polyester, in Primärform – als Klebstoff bestimmt | | |
| 2416 40 955 | andere Polyester – als Klebstoff bestimmt | | |
| 2416 54 975 | Polyamide, in Primärform – als Klebstoff bestimmt | | |
| 2416 57 005 | Silikone, in Primärform – als Klebstoff bestimmt | | |
| 2416 40 305 | Epoxidharze, in Primärform – als Klebstoff bestimmt | | |
| 2416 58 505 | Celluloseether, andere chem. Derivate der Cellulose – als Klebstoff bestimmt | | |
| 2416 55 575 | Harnstoffharze, Thioharnstoffharze, in Primärform – als Klebstoff bestimmt | | |
| 2416 55 775 | Melaminharze, in Primärform – als Klebstoff bestimmt | | |
| 2416 56 575 | Phenolharze, in Primärform – als Klebstoff bestimmt | | |

Durch organisatorische Schwierigkeiten im Hinblick auf die Umstellung der Produktionsstatistik auf das neue PRODCOM-System sind verläßliche Klebstoffproduktionsdaten für das Jahr 1996 nicht zu generieren.

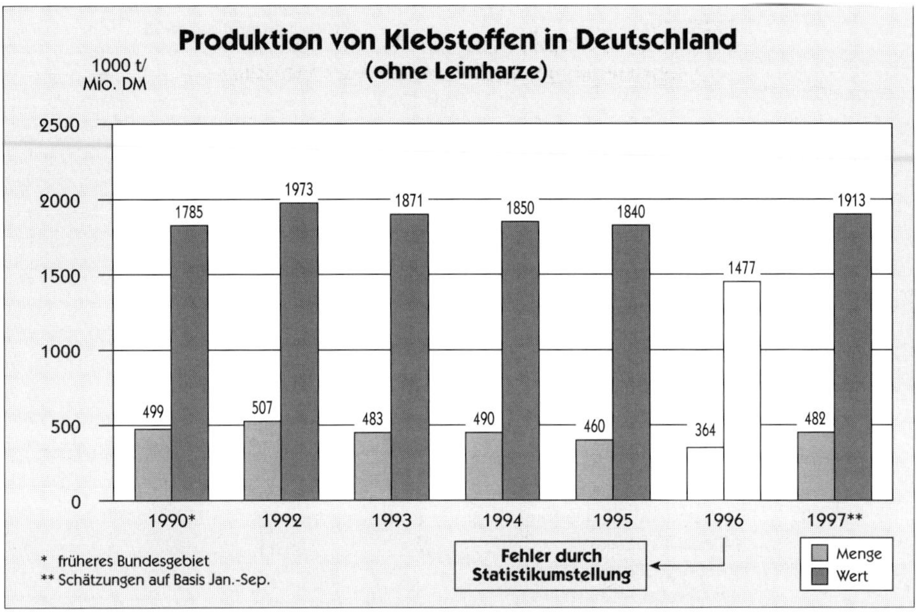
Produktion von Klebstoffen in Deutschland
(ohne Leimharze)
1000 t/
Mio. DM
2500
2000
1500
1000
500
0
1785
499
1973
507
1871
483
1850
490
1840
460
1477
364
1913
482
1990*
1992
1993
1994
1995
1996
1997**
* früheres Bundesgebiet
** Schätzungen auf Basis Jan.-Sep.
Fehler durch
Statistikumstellung
Menge
Wert

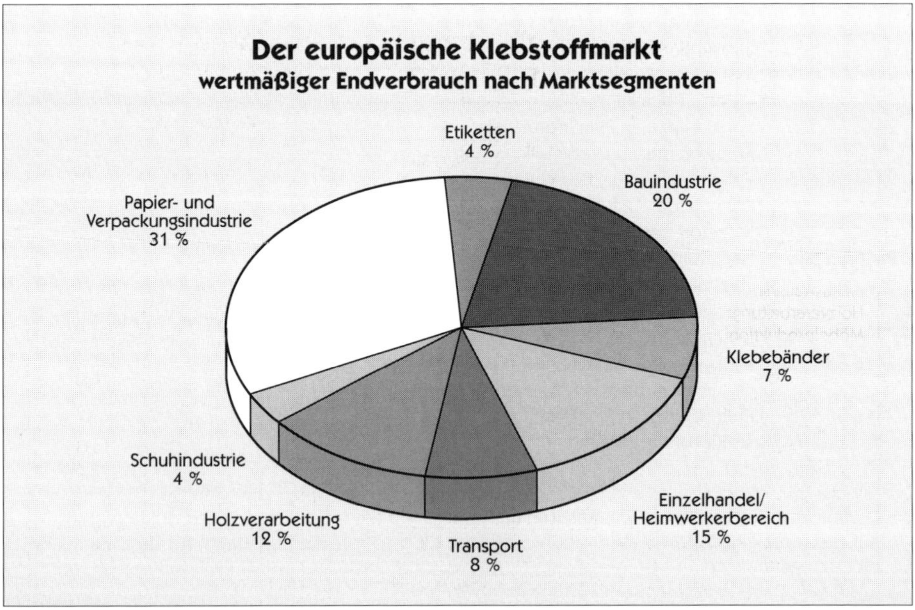
Der europäische Klebstoffmarkt
wertmäßiger Endverbrauch nach Marktsegmenten
Etiketten
4 %
Bauindustrie
20 %
Papier- und
Verpackungsindustrie
31 %
Klebebänder
7 %
Schuhindustrie
4 %
Einzelhandel/
Heimwerkerbereich
15 %
Holzverarbeitung
12 %
Transport
8 %

## Der europäische Klebstoffmarkt
### mengenmäßiger Endverbrauch nach Ländern

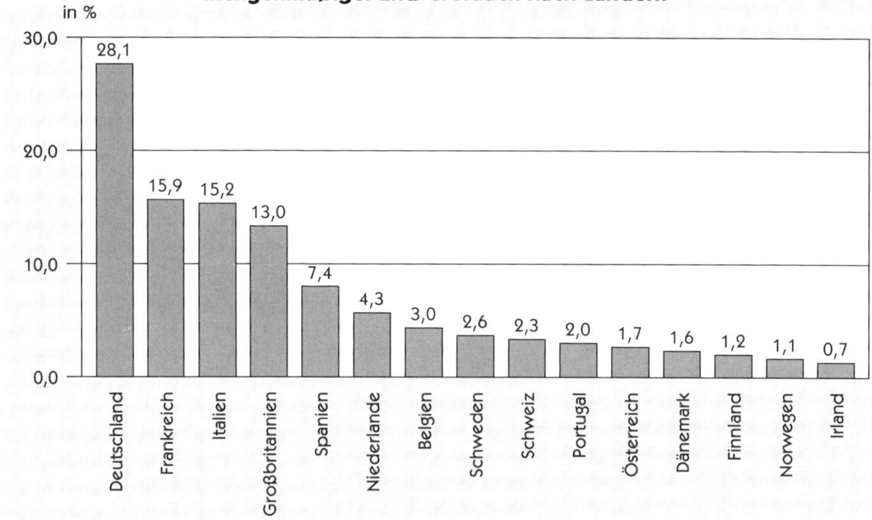


## Produktion ausgewählter Industriezweige Deutschland
### Ist-Situation und Prognose (Veränderung gegenüber Vorjahr in %)

| Gewerbezweige | Gewicht % | Ist* Stat. BA 1997 | Prognosen 98 Ifo | Prognosen 98 West LB | Prognosen 98 DIW |
|---|---|---|---|---|---|
| Chemische Industrie | 7,8 | 6,1 | 4,0 | 4,0 | 4,0 |
| Gummiverarbeitung | 0,9 | 8,4 | 5,0 | 7,0 | 6,0 |
| Straßenfahrzeugbau | 9,4 | 6,5 | 5,5 | 6,0 | 7,0 |
| Elektrotechnik | 13,8 | 6,2 | 5,0 | — | — |
| Holzverarbeitung | 1,4 | 2,2 | – 2,0 | } 3,0 | } 2,0 |
| Möbelproduktion | 1,9 | 2,4 | — | | |
| Papier- und Pappeverarb. | 1,2 | – 4,5 | – 2,0 | } 3,0 | 2,0 |
| Druckerei, Vervielfältigung | 2,4 | – 2,1 | 2,0 | | 0,0 |
| Lederverarbeitung | 0,3 | – 6,2 | — | — | } – 3,0 |
| Nahrungs- und Genußmittel | 7,3 | 0,7 | — | 2,0 | |
| – Ernährung | 6,8 | 0,9 | 1,5 | — | 1,0 |
| – Tabakverarbeitung | 0,4 | – 2,6 | — | — | 3,0 |
| Bauhauptgewerbe | 9,5 | – 5,1 | – 1,0 | 1,0 | — |
| | Summe = 61 | | | | |
| Verarbeitendes Gewerbe (Ges.) | 100,0 | 4,3 | 4,0 | 4,0 | 4,0 |

* Index der Nettoproduktion; 1985 = 100, arbeitstäglich bereinigt, fachliche Unternehmensteile

## Entwicklung der Autoindustrie in ausgewählten Ländern
### Geschätzte Produktionsveränderung Pkw/Kombi gegenüber Vorjahr in %

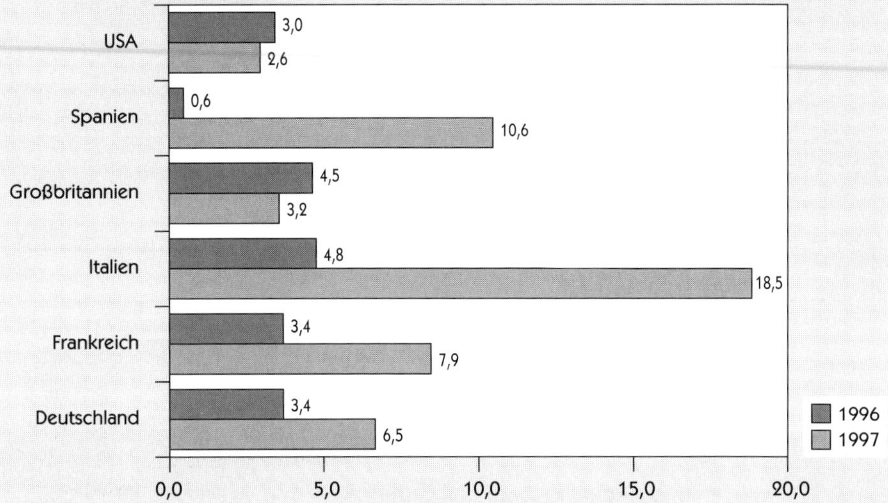


## Entwicklung der Wechselkurse zur D-Mark
### (Januar 1992 = 100,0)

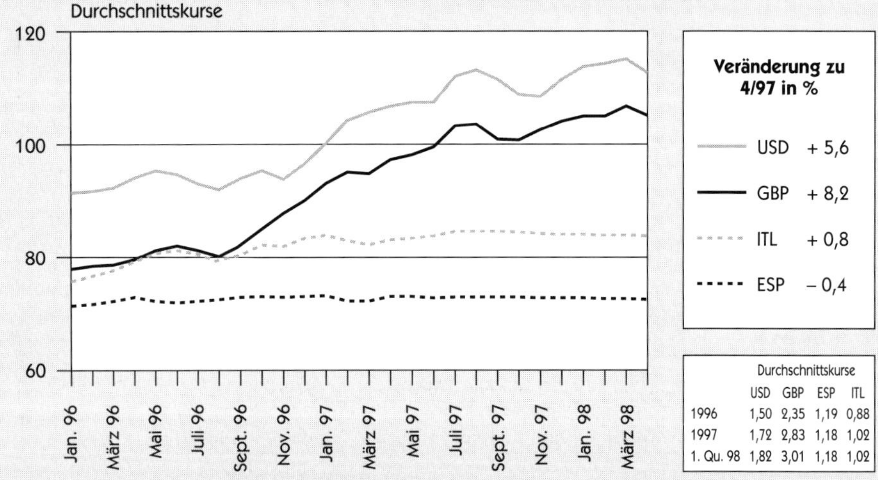


Durchschnittskurse

| | USD | GBP | ESP | ITL |
|---|---|---|---|---|
| 1996 | 1,50 | 2,35 | 1,19 | 0,88 |
| 1997 | 1,72 | 2,83 | 1,18 | 1,02 |
| 1. Qu. 98 | 1,82 | 3,01 | 1,18 | 1,02 |

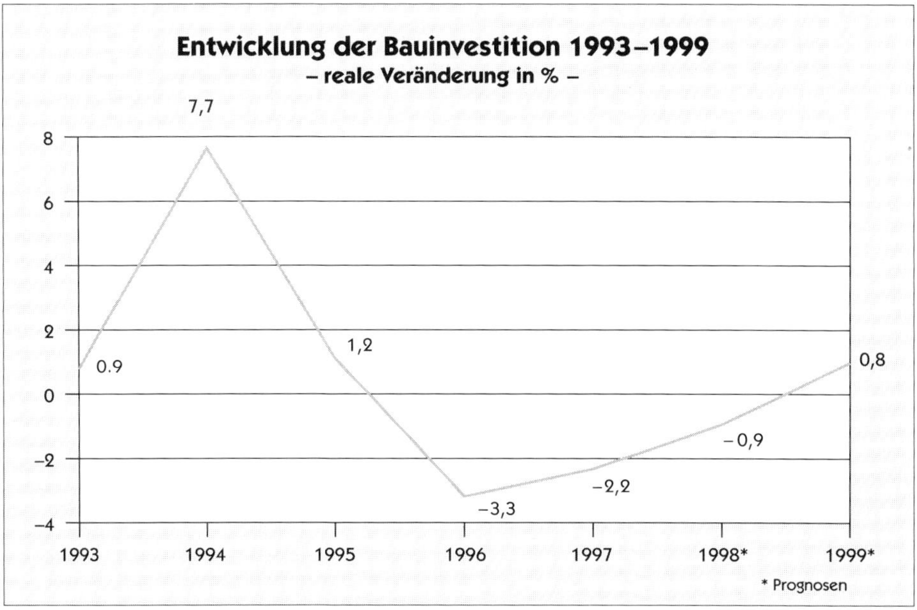
Entwicklung der Bauinvestition 1993–1999
– reale Veränderung in % –
8
6
4
2
0
–2
–4
7,7
0.9
1,2
0,8
–0,9
–2,2
–3,3
1993
1994
1995
1996
1997
1998*
1999*
* Prognosen

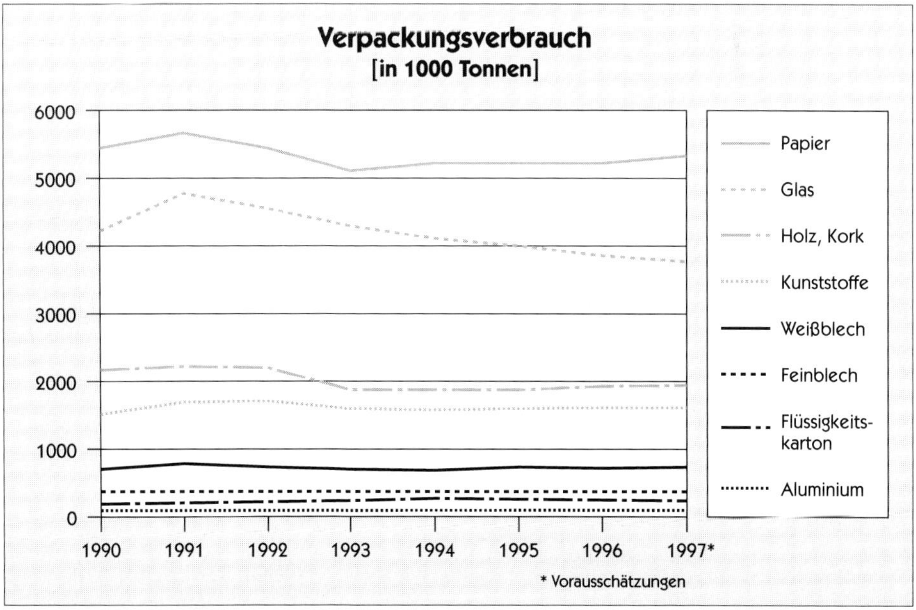
Verpackungsverbrauch
[in 1000 Tonnen]
6000
5000
4000
3000
2000
1000
0
1990
1991
1992
1993
1994
1995
1996
1997*
Papier
Glas
Holz, Kork
Kunststoffe
Weißblech
Feinblech
Flüssigkeits-
karton
Aluminium
* Vorausschätzungen

## Wirtschaftswachstum und Inflation in Regionen
**– reale Veränderung zum Vorjahr in % –**

| Region | Bruttoinlandsprodukt | | | Verbraucherpreise | | | Chemiepreise (CEFIC) | | |
|---|---|---|---|---|---|---|---|---|---|
| | 1996 | 1997 | 1998* | 1996 | 1997 | 1998* | 1996 | 1997 | 1998* |
| Deutschland (gesamt) | 1,4 | 2,2 | 2,6 | 1,5 | 1,8 | 1,3 | –0,9 | 0,0 | 0,0 |
| Westeuropa | 1,5 | 2,7 | 2,8 | 2,1 | 1,9 | 1,8 | –2,5 | 0,7 | 0,4 |
| USA | 2,4 | 3,8 | 3,0 | 3,0 | 2,4 | 1,8 | 2,3 | 1,2 | – |
| Japan | 3,6 | 0,9 | 0,5 | 0,1 | 1,8 | 0,5 | –1,0 | 1,0 | – |

– = kein Nachweis vorhanden
* = Prognosen

## Kennzahlen zur Gesamtwirtschaft in Deutschland
**– reale Veränderung zum Vorjahr in % –**

| | 1996 % | 1997 % | 1998* % |
|---|---|---|---|
| **Bruttoinlandsprodukt** | + 1,4 | + 2,2 | + 2,6 |
| davon: **Privater Verbrauch** | + 1,3 | +0,7 | +1,7 |
| **Investitionen ohne Bau** (Ausrüstungen) | +2,4 | +3,9 | +6,9 |
| **Bauten** | –2,7 | –2,2 | –0,9 |

* Prognosen

## Wirtschaftskennzahlen Deutschland

| | 1996<br>% | 1997<br>% | 1998*<br>% |
|---|---|---|---|
| **Bruttoinlandsprodukt** | + 1,4 | + 2,2 | + 2,6 |
| **Export** | + 4,9 | +10,7 | + 9,9 |
| **Import** | + 2,6 | + 7,0 | + 8,2 |
| **Arbeitslosenrate** | 10,4 | 11,5 | 11,4 |
| **Diskontsatz** | 2,8 | 2,5 | 2,5 |

* Prognosen

# Normen

# Normung

Anfang der 50er Jahre wurde in Deutschland mit der Klebstoffnormung auf nationaler Ebene begonnen und diese Arbeit in der Folgezeit mit der Ausgabe einer Terminologie-Norm und weiterer Normen auf einigen Fachgebieten (Holz-, Schuh- und Bodenbelagklebstoffe) fortgeführt. Die in dieser Zeit erarbeiteten DIN-Normen besitzen weiterhin nationale Gültigkeit, soweit sie nicht zurückgezogen oder durch Europäische Normen ersetzt wurden.

Mit der Gründung des Komitee 193 „Klebstoffe" im „Europäischen Komitee für Normung" (CEN) bot sich 1989 erstmals die Möglichkeit, für Klebstoffhersteller und -verbraucher ein eigenes, umfassendes, in sich geschlossenes, europaweit geltendes Normenwerk mit der Möglichkeit zu schaffen, die eigenen wirtschaftlichen und technischen Interessen besser wahrnehmen zu können. Verträge des CEN mit der internationalen Normungsorganisation ISO erlauben eine Übernahme von geltenden ISO-Normen als Europäische Normen und eine gemeinsame Erarbeitung und Ausgabe von Normen.

Die Europäische Normung dient der Erleichterung des Handelsverkehrs in der EU durch Abbau von Handelshemmnissen im Rahmen der Bemühungen um eine technische Harmonisierung. Die Europäische Normung erfährt die Unterstützung und Förderung des Industrieverbandes Klebstoffe e.V.

Europäische Normen (EN) sind im Gegensatz zu allen anderen Normen, einschließlich internationaler ISO-Normen, in Europa rechtsverbindlich. Sowohl der Europäische Gerichtshof als auch die nationalen Gerichte in der EU sind gehalten, bei ihrer Rechtsprechung Europäische Normen zugrunde zu legen.

Europäische Normen werden grundsätzlich in den drei offiziellen Sprachen der EU (Deutsch, Englisch und Französisch) technisch konform publiziert.

Zur technischen Erarbeitung Europäischer Normen wurde das CEN-Komitee 193 „Klebstoffe" mit sechs Arbeitsgruppen und einem Unterkomitee gebildet, in denen technische Experten der Klebstoffindustrie und der klebstoffverarbeitenden Industrie arbeiten. Mit der Fertigstellung zahlreicher, wichtiger Grundnormen in jüngster Zeit ist die Arbeit dieses Komitees bereits weit fortgeschritten.

In den nachgenannten Arbeitsgruppen und im Unterkomitee des CEN TC 193 wurden bisher die nachstehend aufgeführten **Europäischen Normen** fertiggestellt. Sie tragen die Bezeichnung **„DIN/EN ..."** oder, soweit sie inhaltsgleich mit ISO-Normen sind, die Bezeichnung **„DIN/EN/ISO ..."**.

Vorliegende, ebenfalls in den drei offiziellen Sprachen der EU veröffentlichte Europäische Vornormen sind mit **„DIN V/ENV ..."** bezeichnet.

Zahlreiche Normentwürfe und Normvorhaben sind gegenwärtig noch in Bearbeitung. Soweit Europäische Normentwürfe die Bezeichnung **„E DIN/prEN ..."** tragen, sind sie in den drei offiziellen Sprachen EU bereits veröffentlicht. Die Publikation ihrer Endfassungen erfolgt unter den gleichen EN/DIN-Nummern.

## Arbeitsgruppe 1
## „Terminologie, Allg. physik. und chem. Prüfverfahren“

**DIN/EN 542**
„Klebstoffe – Bestimmung der Dichte“ (Januar 1995)

**DIN/EN 543**
„Klebstoffe – Bestimmung der Schüttdichte“ (Januar 1995)

**DIN/EN 827**
„Klebstoffe – Bestimmung des Feststoffgehaltes“ (Januar 1995)

**DIN/EN 923**
„Klebstoffe – Begriffe und Definitionen“ (November 1997)

**DIN/EN 924**
„Klebstoffe – Bestimmung des Flammpunktes“ (Januar 1995)

**DIN/EN 1066**
„Klebstoffe – Probennahme“ (Juli 1997)

**DIN/EN 1067**
„Klebstoffe – Untersuchung und Vorbereitung von Proben zur Prüfung“ (Juli 1997)

**DIN/EN 1238**
„Klebstoffe – Bestimmung des Erweichungspunktes“ (Juni 1998)

**DIN/EN 1239**
„Klebstoffe – Bestimmung der Gefrier-Auftau-Stabilität“ (Juni 1998)

**DIN/EN 1240**
„Klebstoffe – Bestimmung der Hydroxilzahl und/ oder des Hydroxilgehaltes“ (Mai 1998)

**DIN/EN 1241**
„Klebstoffe – Bestimmung der Säurezahl“ (Mai 1998)

**DIN/EN 1242**
„Klebstoffe – Bestimmung des Isocyanatgehaltes“ (Mai 1998)

**DIN/EN 1244**
„Klebstoffe – Bestimmung der Farbe und/oder Farbänderung von Klebaufstrichen unter Lichteinwirkung“ (Mai 1998)

**DIN/EN 1246**
„Klebstoffe – Bestimmung der Asche und Sulfat-Asche“ (Mai 1998)

**DIN/EN/ISO 9665**
„Klebstoffe – Tierische Leime – Probenahme- und Prüfverfahren“ (Januar 1995)

**DIN/EN/ISO 10363**
„Schmelzklebstoffe – Bestimmung der thermischen Beständigkeit“ (November 1995)

**DIN/EN/ISO 10365**
„Klebstoffe – Bezeichnung der wichtigsten Bruchbilder“ (August 1995)

**E DIN/prEN 1243**
„Klebstoffe – Bestimmung des freien Formaldehydgehaltes in Amino- und Amido-Formaldehyd- Kondensationsprodukten“

**E DIN/prEN 1245**
„Klebstoffe – Bestimmung des pH-Wertes“

**E DIN/prEN 12092**
„Klebstoffe – Bestimmung der Viskosität“

**E DIN/prEN 14678**
„Klebstoffe – Bestimmung des Fließwiederstandes nach dem Auftragen bei Raumtemperatur und während des Vernetzens (Sagging)“

**E DIN/prEN 12724**
„Klebstoffe – Klebstoffe auf Wasserbasis – Bestimmung der Dauerbrennfähigkeit (Methode mit geschlossenem Tiegel)“

**E DIN/prEN 12962**
„Klebstoffe – Bestimmung des elastischen Verhaltens flüssiger Klebstoffe („Elastizitätindex“)“

**E DIN/prEN 12963**
„Klebstoffe – Bestimmung des freien Monomergehaltes in Klebstoffen aus synthetischen Polymeren“

Arbeitsprojekt 145
„Klebstoffe – Bestimmung von flüchtigen organischen Verbindungen (VOC) aus Klebschichten unter festgelegten Bedingungen“

## Arbeitsgruppe 2 „Strukturklebstoffe“

**DIN/EN 828**
„Klebstoffe – Benetzbarkeit – Bestimmung durch Messung des Kontaktwinkels und der kritischen Oberflächenspannung fester Oberflächen“ (Januar 1998)

**DIN/EN 1464**
„Klebstoffe – Bestimmung des Schälwiderstandes hochfester Klebungen – Rollenschälversuch“ (Januar 1995)

**DIN/EN 1465**
„Klebstoffe – Bestimmung der Zugfestigkeit hochfester Überlappungsklebungen“ (Januar 1995)

**DIN/EN/ISO 9664**
„Klebstoffe – Verfahren zur Prüfung der Ermüdungseigenschaften von Strukturklebungen bei Zugscherbeanspruchung“ (August 1995)

**DIN/EN/ISO 10964**
„Klebstoffe – Bestimmung der Drehfestigkeit von anaeroben Klebstoffen auf Befestigungungselementen mit Gewinde“ (Mai 1997)

**DIN/EN 26922**
„Klebstoffe – Bestimmung der Zugfestigkeit von Stoßklebungen“ (Mai 1993)

**DIN/EN 28510**
„Klebstoffe – Schälprüfung für flexibel/starr geklebte Proben“ 2 Teile (beide Mai 1993)
Teil 1: 90°-Schälversuch
Teil 2: 180°-Schälversuch

**DIN/EN/ISO 29142**
„Klebstoffe – Auswahlrichtlinien für Labor-Alterungsbedingungen zur Prüfung von Klebverbindungen“ (Februar 1997)

**DIN/EN 29653**
„Klebstoffe – Prüfverfahren für die Scherschlagfestigkeit von Klebungen“ (Mai 1994)

**DIN V/ENV 1965**
„Strukturklebstoffe – Korrosion“, 2 Teile (beide September 1995)
Teil 1: „Bestimmung und Klassifikation der Korrosion eines Kupfermaterials“
Teil 2: „Bestimmung und Klassifikation der Korrosion eines Messingmaterials“

**DIN V/ENV 1966**
„Strukturklebstoffe – Charakterisierung einer Oberfläche durch Messung der Adhäsion nach dem Drei-Punkt-Biegeverfahren“ (März 1996)

**DIN V/ENV 1967**
„Klebstoffe – Beurteilung der Wirksamkeit von Oberflächenbehandlungstechniken für Aluminium unter Anwendung der Naßschälprüfung in Verbindung mit dem „Floating-Roller“-Verfahren“ (September 1995)

**E DIN/prEN 1840**
„Klebstoffe – Richtlinien zur Oberflächenvorbereitung von Kunststoffen“

**E DIN/prEN 12701**
„Strukturklebstoffe – Lagerung: Definition von Worten und Wortwendungen zur Produkthaltbarkeit von Strukturklebstoffen und verwandten Materialien“

**E DIN/prEN 12768**
„Strukturklebstoffe – Richtlinien zur Oberflächenbehandlung von Metallen“

**E DIN/prEN 30354**
„Strukturklebstoffe – Bestimmung der Beständigkeit geklebter Oberflächen-Keilprüfung“

Arbeitsprojekt 012
„Strukturklebstoffe – Verarbeitungszeit/Topfzeit-Bestimmung von Mehrkomponentenkleb-stoffen"

Arbeitsprojekt 019
„Klebstoffe – Bestimmung des Scherverhaltens von Strukturklebstoffen. Teil 1: Torsionsprüfverfahren unter Verwendung stoßgeklebter Hohlzylinder"

Arbeitsprojekt 020
„Klebstoffe – Bestimmung des Scherverhaltens von Strukturklebstoffen. Teil 2: Zugprüfverfahren für dicke Fügeteile"

Arbeitsprojekt 021
„Klebstoffe – 180°-Schälprüfung für flexibel/ flexibel geklebte Verbindungen"

Arbeitsprojekt 022
„Klebstoffe – Bestimmung des dynamischen Spaltwiderstandes von hochfesten Klebungen unter Schlagbedingungen – Schlagkeilverfahren"

Arbeitsprojekt 097
„Klebstoffe – Bestimmung der Scherfestigkeit von Klebungen zwischen starren Werkstoffen nach dem Blockscherverfahren"

Arbeitsprojekt 138
„Strukturklebstoffe – Thermische Charakterisierung"

Arbeitsprojekt 139
„Strukturklebstoffe – Lagerung: Identifizierung und Definition, definiert hinsichtlich ihrer Sicherheit sowie ihrer unveränderlichen und allgemeinen Natur"

## Arbeitsgruppe 3
## „Klebstoffe für Papier, Pappe, Verpackung, Hygieneprodukte"

**E DIN/prEN 1719**
„Klebstoffe für Papier, Pappe, Verpackung, Hygieneprodukte – Messung der Oberflächenklebrigkeit von Haftklebstoffen – Bestimmung nach der Schlaufenmethode"

**E DIN/prEN 1720**
„Klebstoffe für Papier, Pappe, Verpackung, Hygieneprodukte – Bestimmung der Dispergierbarkeit"

**E DIN/prEN 1721**
„Klebstoffe für Papier, Pappe, Verpackung, Hygieneprodukte – Messung der Oberflächenklebrigkeit von Haftklebstoffen – Bestimmung nach der Methode der ‚Rollenden Kugel'"

**E DIN/prEN 1895**
„Klebstoffe für Papier, Pappe, Verpackung, Hygieneprodukte – ‚T'-Schälprüfung für flexibel/flexibel geklebte Proben"

**E DIN/prEN 1896**
„Klebstoffe für Papier, Pappe, Verpackung, Hygieneprodukte – Bestimmung der Zugfestigkeit und der Dehnung"

**E DIN/prEN 12702**
„Klebstoffe für Papier, Pappe, Verpackung, Hygieneprodukte – Blockverhalten potentieller Klebschichten"

**E DIN/prEN 12702**
„Klebstoffe für Papier, Pappe, Verpackung, Hygieneprodukte – Blockverhalten potentieller Klebschichten"

**E DIN/prEN 12703**
„Klebstoffe für Papier, Pappe, Verpackung, Hygieneprodukte – Bestimmung der Flexibilität bei tiefen Temperaturen oder der Kaltbruchtemperatur"

**E DIN/prEN 12704**
„Klebstoffe für Papier, Pappe, Verpackung, Hygieneprodukte – Schaumbildung – Prüfverfahren für wäßrige Klebstoffe"

**E DIN/prEN 12960**
„Klebstoffe für Papier, Pappe, Verpackung, Hygieneprodukte – Bestimmung der Scherfestigkeit unter konstanter Dauerlast"

Arbeitsprojekt 132
„Klebstoffe für Papier, Pappe, Verpackung, Hygieneprodukte – Offene Zeit und Abbindung von Hot-melt- und von flüssigen Klebstoffen"

## Arbeitsgruppe 4 „Bauklebstoffe"

**E DIN/prEN 1372**
„Klebstoffe – Prüfung von Klebstoffen für Boden- und Wandbeläge – Scherversuch"

**E DIN/prEN 1873**
„Klebstoffe – Prüfung von Klebstoffen für Boden- und Wandbeläge – Schälversuch"

**E DIN/prEN 1841**
„Prüfung von Klebstoffen für Boden- und Wandbeläge – Bestimmung der Maßänderung eines Linoleumbodenbelages im Kontakt mit einem Klebstoff"

**E DIN/prEN 1902**
„Klebstoffe – Prüfung von Klebstoffen für Boden- und Wandbeläge – Zeitstand-Scherversuch"

**E DIN/prEN 1903**
„Klebstoffe – Prüfung von Klebstoffen für Boden- und Wandbeläge aus Kunststoff und Gummi – Maßänderungen nach beschleunigter Alterung"

**E DIN/prEN 1937**
Prüfverfahren für hydraulisch erhärtende Boden-Spachtelmassen – Standardmischverfahren

**E DIN/prEN 12706**
„Prüfung für hydraulisch erhärtende Boden-Spachtelmassen – Bestimmung des Fließverhaltens"

Arbeitsprojekt 116
„Prüfverfahren für hydraulisch erhärtende Boden-Spachtelmassen – Bestimmung der Haftzugfestigkeit"

Arbeitsprojekt 117
„Prüfverfahren für hydraulisch erhärtende Boden-Spachtelmassen – Bestimmung der Abbindezeit"

Arbeitsprojekt 118
„Prüfung von Klebstoffen für Bodenbeläge – Bestimmung des elektrischen Widerstandes von Klebstoff-Filmen"

Arbeitsprojekt 134
„Prüfverfahren für hydraulisch erhärtende Boden-Spachtelmassen – Bestimmung der Biegezug- und Druckfestigkeit"

Arbeitsprojekt 135
„Prüfverfahren für hydraulisch erhärtende Boden-Spachtelmassen – Bestimmung der Maßänderung"

Arbeitsprojekt 136
„Prüfverfahren für Boden-Spachtelmassen – Bestimmung der Schwindung"

Arbeitsprojekt 143
„Bodenbelagsklebstoffe – Mindestanforderungen"

Arbeitsprojekt 144
„Klebstoffe für die Parkettverlegung – Prüfverfahren"

## Arbeitsgruppe 5
## „Klebstoffe für Leder und Schuhwerkstoffe"

**DIN/EN 522**
„Klebstoffe für Leder und Schuhwerkstoffe – Festigkeit der Klebungen – Mindestanforderungen und Klebstoffklassifikation" (April 1998)

**DIN/EN 1391**
„Klebstoffe für Leder und Schuhwerkstoffe – Prüfung der Klebbarkeit von Werkstoffen – Mindestanforderungen und Werkstoffklassifikation" (April 1998)

**DIN/EN 1392**
„Klebstoffe für Leder und Schuhwerkstoffe Lösemittel- und Dispersionsklebstoffe – Prüfung der Festigkeit von Klebungen unter festgelegten Bedingungen" (April 1998)

**E DIN/prEN 12705**
„Klebstoffe für Leder und Schuhwerkstoffe – Bestimmung der Farbänderung weißer und/oder hellfarbiger Lederoberflächen durch Migration"

**E DIN/prEN 12961**
„Klebstoffe für Leder und Schuhwerkstoffe Lösemittel- und Dispersionsklebstoffe – Bestimmung der optimalen Aktiviertemperatur und der maximalen Dauer der Aktivierbarkeit"

**E DIN/prEN 12964**
„Klebstoffe für Leder und Schuhwerkstoffe – Bestimmung der Wärmebeständigkeit von Zwickklebstoffen, Prüfung bei kontinuierlich steigender Temperatur"

## Arbeitsgruppe 6 „Klebstoffe für thermoplastische Rohrsysteme"

**prEN ISO 9311-1**
„Klebstoffe für thermoplastische Rohrsysteme – Bestimmung von Filmeigenschaften"

**prEN ISO 9311-2**
„Klebstoffe für thermoplastische Rohrsysteme – Bestimmung der Scherfestigkeit"

Arbeitsprojekt 104
„Klebstoffe für drucklose thermoplastische Rohrsysteme – Spezifikation"

Arbeitsprojekt 109
„Klebstoffe für thermoplastische Rohrsysteme – Bestimmung der maximalen offenen Zeit"

Arbeitsprojekt 110
„Klebstoffe für thermoplastische Rohrsysteme – Bestimmung der thermischen Beständigkeit"

Arbeitsprojekt 113
„Klebstoffe für thermoplastische Rohrsysteme – Beschleunigte Alterungsprüfung für Klebstoffe"

Arbeitsprojekt 120
„Klebstoffe für thermoplastische Rohrsysteme – Innendruckprüfung"

Arbeitsprojekt 133
„Klebstoffe für thermoplastische Rohrsysteme für unter Druck stehende Flüssigkeiten"

**Unterausschuß 1 „Klebstoffe für Holz und abgeleitete Nutzholzprodukte":**

**DIN/EN 204**
„Klassifikation von Nichtstrukturklebstoffe für das Kleben von Holz und abgeleiteter Nutzholzprodukte" (Mai 91)

**DIN/EN 205**
„Prüfverfahren für Holzklebstoffe fnr nichtstrukturelle Anwendungen – Bestimmung der Zugscherfestigkeit überlappter Klebungen" (Mai 91)

**DIN/EN 301**
„Phenol- und Aminoplastklebstoffe für lasttragende Nutzholzkonstruktionen – Klassifikation und Leistungsanforderungen“ (Juni 92)

**DIN/EN 302**
„Klebstoffe für lasttragende Nutzholzkonstruktionen – Prüfverfahren“ 4 Teile (alle Juni 92)
Teil 1: Bestimmung der Klebfestigkeit überlappter Klebungen im Längsscherversuch
Teil 2: Bestimmung des Delaminierwiderstandes
Teil 3: Bestimmung der Wirkung einer Säureschädigung von Holzfasern durch Temperatur- und Feuchtigkeitswechselwirkung im Kreuzzugfestigkeitsversuch
Teil 4: Bestimmung der Wirkung des Holzschrumpfes auf die Scherfestigkeit"

**E DIN/prEN 12436**
„Klebstoffe für tragende Holzbauteile – Kasein-Klebstoffe – Klassifizierung und Anforderungen“
Arbeitsprojekt 114

**E DIN/prEN 12765**
„Klassifizierung von wärmeabbindenden Holzklebstoffen für nichtstrukturelle Anwendungen“

Arbeitsprojekt 070
„Prüfverfahren für Holzklebstoffe für nichtstrukturelle Anwendungen – Statische Belastungsprüfung“

Arbeitsprojekt 101
„Klassifizierung von Holzklebstoffen für nichtstrukturelle Anwendungen“
(Überprüfung von EN 204:1991)

Arbeitsprojekt 102
„Klebstoffe – Holzklebstoffe für nichttragende Anwendungen – Bestimmung der Zugscherfestigkeit von überlappten Klebungen“ (Überprüfung von EN 205:1991)

Arbeitsprojekt 121
„Klebstoffe für tragende Holzstrukturen – Klassifizierung, Anforderungen an das Verhaltens- und Prüfverfahren für neue Klebstoffarten“

Arbeitsprojekt 122
„Klebstoffe – Holzklebstoffe – Bestimmung der Zugfestigkeit von überlappten Klebungen bei höheren Temperaturen (WATT 91)“

Arbeitsprojekt 123
„Prüfverfahren und Spezifikationen für Kantenklebstoffe“

Arbeitsprojekt 124
„Bestimmung des Widerstandes von Holzklebstoffen unter statischer Last bei unterschiedlichen Klimabedingungen“

Arbeitsprojekt 127
„Phenol- und Aminoplastklebstoffe für lasttragende Nutzholzkonstruktionen – Klassifikation und Leistungsanforderungen“ (Überprüfung von EN 301:1992)

Arbeitsprojekt 128
„Klebstoffe für lasttragende Nutzholzkonstruktionen – Prüfverfahren – Teil 1: Bestimmung der Klebfestigkeit im Längsscherversuch“ (Überprüfung von EN 302-1:1992)

Arbeitsprojekt 128
„Klebstoffe für lasttragende Nutzholzkonstruktionen – Prüfverfahren – Teil 1: Bestimmung der Klebfestigkeit im Längsscherversuch“ (Überprüfung von EN 302-1:1992)

Arbeitsprojekt 129
„Klebstoffe für lasttragende Nutzholzkonstruktionen – Prüfverfahren – Teil 2: Bestimmung des Delaminierwiderstandes“ (Überprüfung von EN 302-2:1992)

Arbeitsprojekt 130
„Klebstoffe für lasttragende Nutzholzkonstruktionen – Prüfverfahren – Teil 3: Bestimmung der Wirkung einer Säureschädigung von Holzfasern durch Temperatur- und Feuchtigkeitswechselwirkung im Kreuzzugfestigkeitsversuch“ (Überprüfung von EN 302-3:1992)

Arbeitsprojekt 131
„Klebstoffe für lasttragende Nutzholzkonstruktionen – Prüfverfahren – Teil 4: Bestimmung der Wirkung des Holzschrumpfes auf die Scherfestigkeit“ (Überprüfung von EN 302-4:1992)

# Bezugsquellen für Klebstoffe

– nach Klebstofftypen
– nach Abnehmerbranchen

**Schmelzklebstoffe**

Alberdingk Boley
Ato Findley Deutschland
BeA
Bostik
Friedrich Branding
CREANOVA Spezialchemie
Croda Adhesives
Datac
DORUS
3M
Elf Atochem
EUKALIN
Forbo Erfurt
Forbo-Helmitin
Forbo Uli-Chemie
forestali
H. B. Fuller
GLUDAN
Gurit-Essex
Henkel
Henkel Teroson
Herberts
Jowat
KLEBCHEMIE Becker
Klebstoffwerke Collodin
Kömmerling
MYDRIN ags
National Starch & Chemical
PLANATOL Klebetechnik
PRHO-CHEM
Rhenocoll
SABA
Salamander
SIEMA-CHEMIE
SWIFT
TIVOLI Klebstoff
Türmerleim
UHU
Weiss Chemie + Technik
Wetzel
ZELU Chemie
ZIKA

**Reaktionsklebstoffe**

Agomer
Ashland Chemical
Ato Findley Deutschland
BeA
Bona
Bostik
CHEMETALL
Ciba Spezialitätenchemie
Croda Adhesives
Datac
DEKALIN
DELO
3M
Dyckerhoff Sopro
Elf Atochem
Forbo Erfurt
Forbo-Helmitin
H. B. Fuller
Gurit-Essex
Henkel
Henkel Bautechnik
Henkel Teroson
Herberts
Jowat
Kiesel Bauchemie
KLEBCHEMIE Becker
Kömmerling
Loctite
LUGATO CHEMIE
Morton
National Starch & Chemical
Novacote International
Hermann Otto
Panacol-Elosol
PASCO
Permabond
Ramge Chemie
SABA
SCHÖNOX
Sichel-Werke
SIEMA-CHEMIE
Sika Chemie

STAUF
TIVOLI Klebstoff
UHU
Wakol-Chemie
Weiss Chemie + Technik
ZELU Chemie

## Dispersionsklebstoffe

Alberdingk Boley
Ashland Chemical
ARDEX
Ato Findley Deutschland
BeA
Bona
Bostik
Friedrich Branding
CHEMITEC
Cordes
Croda Adhesives
Datac
DEKALIN
Adolf Diemer
DORUS
3M
Dunlop TECH
Dyckerhoff Sopro
EUKALIN
Forbo Erfurt
Forbo-Helmitin
Forbo Uli-Chemie
forestali
H. B. Fuller
GLUDAN
Henkel
Henkel Toroson
IBOLA
Jowat
Kiesel Bauchemie
KLEBCHEMIE Becker
Klebstoffwerke Collodin
Kömmerling
LUGATO CHEMIE
Morton
MYDRIN ags
National Starch & Chemical
Neste Chemicals
Novacote International
PLANATOL Klebetechnik
PRHO-CHEM
PRO
Ramge Chemie
Renia-Gesellschaft
Rhenocoll
SABA
Salamander
SCHÖNOX
SIEMA-CHEMIE
STAUF
SWIFT
TIVOLI Klebstoff
Türmerleim
UHU
Wakol-Chemie
Weiss Chemie & Technik
Wetzel
Wilbra-Chemie
ZELU Chemie
ZIKA

## Pflanzliche Klebstoffe, Dextrin- und Stärkeklebstoffe

Friedrich Branding
Croda Adhesives
Datac
DEKALIN
Adolf Diemer
EUKALIN
H. B. Fuller
Henkel
Klebstoffwerke Collodin
MYDRIN ags
National Starch & Chemical
PLANATOL Klebetechnik
PRHO-CHEM
Ramge Chemie
SCHÖNOX
Sichel-Werke
SIEMA-CHEMIE

SWIFT
Türmerleim
ZIKA

**Glutinleime**

Croda Adhesives
H. B. Fuller
Fritz Häcker
Henkel
MYDRIN ags
PRHO-CHEM

**Lösemittelhaltige Klebstoffe**

Agomer
Ashland Chemical
Ato Findley Deutschland
Bona
Bostik
CHEMITEC
DEKALIN
3M
Dunlop TECH
Forbo Erfurt
Forbo-Helmitin
Forbo Uli-Chemie
forestali
H. B. Fuller
Henkel
Henkel Bautechnik
Henkel Teroson
Herberts
Ibola
Jowat
Kiesel Bauchemie
Klebchemie Becker
Kömmerling
Morton
MYDRIN ags
National Starch & Chemical
Novacote International
Hermann Otto
Ramge Chemie
Renia-Gesellschaft
Rhenocoll
SABA
Salamander
SCHÖNOX
SIEMA-CHEMIE
STAUF
TIVOLI Klebstoff
UHU
Wakol-Chemie
Weiss Chemie + Technik
ZELU Chemie
ZIKA

**Haftklebstoffe**

Alberdingk Boley
Ashland Chemical
Ato Findley Deutschland
BeA
Bostik
CHEMITEC
Croda Adhesives
Datac
DEKALIN
Adolf Diemer
Dunlop TECH
EUKALIN
Forbo-Helmitin
Forbo Uli-Chemie
forestali
H. B. Fuller
GLUDAN
Gurit-Essex
Henkel
Henkel Teroson
Jowat
KLEBCHEMIE Becker
Klebstoffwerke Collodin
MYDRIN ags
National Starch & Chemical
Neste Chemicals
PLANATOL Klebetechnik
PRHO-CHEM
PRO

Rhenocoll
SABA
SIEMA-CHEMIE
SWIFT Klebstoffe
TIVOLI Klebstoff
Türmerleim
Wakol-Chemie
Weiss Chemie + Technik
Wetzel
ZELU Chemie
ZIKA

## Klebebänder

Alberdingk Boley
ASTORplast
certoplast Vorwerk & Sohn
Coroplast
3M
Lohmann

## Papier/Verpackung

Ashland Chemical
ASTORplast
Ato Findley Deutschland
BeA
Beiersdorf
Bostik
Friedrich Branding
certoplast
CHEMITEC
Cordes
Coroplast
CREANOVA
Croda Adhesives
Datac
Adolf Diemer
3M
EniChem
EUKALIN
Forbo Uli-Chemie
H. B. Fuller
GLUDAN
Fritz Häcker
Henkel
Herberts
Hercules
Jowat
Klebstoffwerke Collodin
Lohmann
Morton
MYDRIN ags
National Starch & Chemical
Neste Chemicals
Novacote International
PLANATOL Klebetechnik
PRHO-CHEM
Ramge Chemie
Rhenocoll
SABA
SIEMA-CHEMIE
SWIFT Klebstoffe
TIVOLI Klebstoff
Türmerleim
UHU
Wakol-Chemie
Weiss Chemie + Technik
Wetzel
Wilbra-Chemie
ZIKA

## Buchbinderei/Graphisches Gewerbe

Beiersdorf
Friedrich Branding
Croda Adhesives
Datac
3M
EniChem
EUKALIN
H. B. Fuller
GLUDAN
Fritz Häcker
Henkel
Hercules
Jowat
Lohmann
Morton

MYDRIN ags
National Starch & Chemical
Novacote Chemicals
PLANATOL Klebetechnik
PRHO-CHEM
Ramge Chemie
Salamander
SWIFT Klebstoffe
TIVOLI Klebstoff
Türmerleim
Wetzel
Wilbra-Chemie
ZIKA

**Holz-/Möbelindustrie**

Agomer
Alberdingk Boley
Ashland Chemical
Ato Findley Deutschland
ASTORplast
BeA
Beiersdorf
Bostik
Friedrich Branding
Coroplast
CREANOVA
Datac
DEKALIN
Adolf Diemer
DORUS
3M
DUNLOP TECH
Elf Atochem
EniChem
Forbo-Helmitin
H. B. Fuller
Fritz Häcker
Henkel
Hercules
Jowat
Klebchemie Becker
Kömmerling
Loctite
Lohmann
Mydrin ags
National Starch & Chemical
Hermann Otto
Ramge Chemie
Rhenocoll
SABA
SIEMA-CHEMIE
Sika Chemie
STAUF
TIVOLI Klebstoff
Türmerleim
Wakol-Chemie
Weiss Chemie + Technik
Wetzel
Wilbra-Chemie
ZELU Chemie
ZIKA

**Baugewerbe, inkl. Fußboden, Wand und Decke**

Agomer
Alberdingk Boley
ARDEX
Ashland Chemical
ASTORplast
Ato Findley Deutschland
Bona
Bostik
Friedrich Branding
certoplast
CHEMITEC
Ciba Spezialitätenchemie
Cordes
Coroplast
DEKALIN
3M
DUNLOP TECH
Dyckerhoff Sopro
EniChem
Forbo Erfurt
Forbo Helmitin
H. B. Fuller

GLUDAN
Henkel
Henkel Bautechnik
Henkel Teroson
Hercules
Ibola
Jowat
Kiesel Bauchemie
Klebchemie Becker
Kömmerling
Lohmann
LUGATO CHEMIE
Neste Chemicals
Hermann Otto
PRO
Ramge Chemie
Rhenocoll
SABA
SCHÖNOX
Sika Chemie
STAUF
TIVOLI Klebstoff
UZIN
Wakol-Chemie
Weiss Chemie + Technik
Wilbra-Chemie

## Fahrzeug- und Luftfahrtindustrie

Agomer
Ashland Chemical
ASTORplast
Beiersdorf
Friedrich Branding
certoplast
CHEMETALL
Ciba Spezialitätenchemie
Coroplast
CREANOVA
DEKALIN
DELO
Adolf Diemer
3M
DUNLOP TECH
Elf Atochem
EniChem
Forbo-Helmitin
H. B. Fuller
Gurit-Essex
Henkel
Henkel Teroson
Herberts
Jowat
KLEBCHEMIE Becker
Klebstoffwerke Collodin
Kömmerling
Loctite
Lohmann
National Starch & Chemical
Hermann Otto
Panacol-Elosol
PASCO
Permabond
SABA
Sichel-Werke
Sika Chemie
SWIFT Klebstoffe
TIVOLI Klebstoff
Wakol-Chemie
Weiss Chemie + Technik
ZELU Chemie

## Elektronik

Agomer
Beiersdorf
certoplast
CHEMETALL
Ciba Spezialitätenchemie
Coroplast
DELO
3M
Forbo-Helmitin
H. B. Fuller
Henkel
Henkel Teroson
Kömmerling
Loctite

Lohmann
National Starch & Chemical
Hermann Otto
Panacol-Elosol
PASCO
Permabond
Sichel-Werke
SIEMA-CHEMIE
Sika Chemie
TIVOLI Klebstoff
UHU
Weiss Chemie + Technik
ZIKA

### Hygienebereich

Ato Findley Deutschland
Bostik
CREANOVA
Datac
3M
Elf Atochem
EniChem
H. B. Fuller
GLUDAN
Henkel
Hercules
Jowat
Kömmerling
Lohmann
National Starch & Chemical
PRHO-CHEM
SWIFT Klebstoffe
TIVOLI Klebstoff
Türmerleim

### Maschinen- und Apparatebau

Agomer
Ashland Chemical
ASTORplast
BeA
Beiersdorf
Bostik
certoplast
CHEMETALL
Ciba Spezialitätenchemie
Coroplast
DEKALIN
DELO
3M
DUNLOP TECH
Forbo Helmitin
Henkel
Henkel Teroson
KLEBCHEMIE Becker
Kömmerling
Loctite
Lohmann
National Starch & Chemical
Hermann Otto
Panacol-Elosol
PASCO
Permabond
Renia-Gesellschaft
SABA
Sichel-Werke
SIEMA-CHEMIE
Sika Chemie

### Textilindustrie

Alberdingk Boley
ASTORplast
Ato Findley Deutschland
Beiersdorf
Friedrich Branding
CREANOVA
DEKALIN
3M
Elf Atochem
EniChem
EUKALIN
Forbo-Helmitin
forestali
H. B. Fuller
Henkel
Hercules
Jowat

KLEBCHEMIE Becker
MYDRIN ags
SABA
Salamander
SIEMA-CHEMIE
TIVOLI Klebstoff
UHU
Wakol-Chemie
ZELU Chemie

## Klebebänder, Etiketten

Alberdingk Boley
Ashland Chemical
ASTORplast
Ato Findley Deutschland
Croda Adhexives
Datac
DEKALIN
Adolf Diemer
3M
EniChem
EUKALIN
H. B. Fuller
Fritz Häcker
Henkel
Hercules
Jowat
MYDRIN ags
National Starch & Chemical
Neste Chemicals
PLANATOL Klebetechnik
PRHO-CHEM
Ramge Chemie
SABA
STAUF
SWIFT Klebstoffe
TIVOLI Klebstoff
Türmerleim
Wetzel

## Haushalt, Hobby und Büro

Agomer
Beiersdorf
certoplast
Ciba Spezialitätenchemie
Coroplast
3M
DUNLOP TECH
DEKALIN
EniChem
3M
Forbo-Helmitin
GLUDAN
Fritz Häcker
Henkel
Hercules
Loctite
LUGATO CHEMIE
Panacol-Elosol
PASCO
Renia-Gesellschaft
Rhenocoll
SABA
Sichel-Werke
SIEMA-CHEMIE
UHU
Weiss Chemie + Technik
Wilbra-Chemie

## Schuhindustrie

forestali
H. B. Fuller
Henkel
Kömmerling
Renia-Gesellschaft
Salamander
SIEMA-CHEMIE
TIVOLI Klebstoff
Wakol-Chemie
ZELU Chemie